超人氣食譜全收錄！

有吐司就能做

輕鬆做出餡料、抹醬到層疊美味，網路詢問度最高的

甜鹹吐司與三明治料理

100+

超人氣吐司好食提案！

開始愛上吃吐司，是從一次的日本旅行中，在澀谷吃到一個沾滿蛋液的法式吐司，中間夾了藍莓醬，經過煎烤後淋上楓糖漿，在鐵板上加熱焦脆的香甜滋味，送上桌後，又加入豐富水果變成了華麗的點心，放進嘴巴裡的吐司是充滿火花的幸福感，從那一刻起，我開始好奇吐司變化的各種可能性？

週一的早晨，在麵包店等待香噴噴的吐司出爐，我迫不急待的拎著一條新鮮的吐司回家。因爲剛做好的新鮮吐司濕潤度最高，直接吃最能吃到吐司的鬆軟感。我會把雞蛋沙拉、水果優格、馬鈴薯泥、抹醬搭配鬆軟的吐司一起吃，有時會在抹醬裡加入堅果、可可粉、抹茶粉，吐司就能變化不同的味道，讓每天吃吐司都有新鮮感，做吐司料理變成了一件有樂趣的事。

吐司不只能做早餐，還能搭配不同的餡料成爲豐富的三明治、點心，每個國家都有不同的吃法，韓國人喜歡把吐司放在鐵板上用奶油煎烤，加入蔬菜、雞蛋當早餐；日本人喜歡在吐司內堆疊豐富的餡料，是咖啡館最經典的下午茶輕食點心。在家也能運用一條吐司這樣做多種吃法，把喜歡的食材、料理放在吐司裡，怎麼吃都不會膩！

但總覺得外面賣的吐司還是比較好吃？只要多一點小技巧就可以做出一樣的吐司口感，在這本書裡教你如何運用白吐司、布里歐吐司、丹麥吐司、葡萄吐司做早午餐、輕食甜點，了解不同的吐司質地與活用，在家就是咖啡館，有吐司就能做！超熱門的野餐三明治、家庭聚餐派對小點心都沒問題！

最後沒吃完的吐司千萬不要丟掉，活用吐司邊，還能變化意想不到的餐點。

爲了讓吃吐司變成一件輕鬆有樂趣的事，事先備好食材就能輕鬆料理，直接把配料擺在吐司上也 OK！書裡有美味秘訣與小叮嚀技巧，跟著做，就能快速上桌！

丸子

目錄
contents

Part4
世界吐司系列

Part5
輕食水果系列

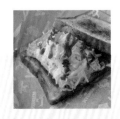

吐司的種類

■ **薄片白吐司或薄片全麥吐司**

豐富餡料吐司三明治，可以選擇用薄片吐司來做，讓餡料一層一層往上堆疊，再用另一片吐司蓋起來。

■ **厚片白吐司或厚片全麥吐司**

厚片吐司的變化性高，可以夾餡、直接放配料烘烤做開放式吐司，只要一片吐司也能有早午餐的豐盛感。

■ **厚片丹麥吐司**

充滿大量奶油的丹麥吐司，質地鬆軟細孔大，容易吸收醬汁，適合製作點心類的甜吐司。

■ **葡萄吐司**

鬆軟的葡萄吐司適合做甜的吐司，經過烘烤後，外皮更香脆，可以搭配芋泥餡或做布丁吐司都相當適合。

常用的食材和調味料

▪ 軟質有鹽奶油

來自日本乳源的軟質奶油抹醬帶有鹹度，不需要軟化，從冰箱拿出來就可以直接塗抹在吐司上，放入烤箱或平底鍋內加熱，或直接塗抹在烤好的吐司上，節省料理的時間，也能放在料理中增加香氣。

▪ 奶油乳酪

奶油乳酪是鮮奶油與牛奶再發酵製成，無糖、微酸、含水量低，放在室溫軟化，和優格、糖混合可以當作抹醬使用，也能加入堅果、焦糖醬做成豐富的吐司抹醬。

▪ 雙色乳酪起司絲

可以把所有食材結合在一起的焗烤起司絲，白色的馬札瑞拉起司絲將不同食材融合；黃色的切達起司風味濃郁，最適合直接搭配吐司烘烤，或加入培根做成披薩吐司。

▪ 牛奶起司片

適合當作熱壓吐司配料，經過加熱融化的牛奶起司片，乳脂更香，適合搭配火腿、德式香腸，與少量的牛奶加熱融化，放在三明治上可以當作白醬。

9

■ 軟質奶油乾酪

可以直接抹在吐司上一起吃，或者當做配料放在吐司上，搭配芝麻葉、番茄，淋上橄欖油，是快速簡單的開胃小點作法。

■ 蒙特婁雞肉香料調味料

有多種乾燥香料組合而成的香料調味鹽，可以使用在海鮮、雞肉、蔬菜調味的香料，適合與食材一起烘烤、加熱，能增加料理的風味。

■ 羅勒香料鹽

帶有香料的鹽巴，除了可以提升料理的風味，更能減少瓶瓶罐罐的步驟，一瓶就能搞定。

■ 甜菜糖

日本產的甜菜糖是由甜菜製成，甜度低、香氣帶有焦糖的甜、風味溫潤，經常使用在甜點上，是蜜糖吐司的原料，可以當作白糖使用。

■ 法式芥末子醬

配肉類的芥末子醬，微酸帶有顆粒，適合搭配軟質有鹽奶油，塗抹在已經熱好的吐司上增加抹醬的香氣，也可以搭配美乃滋一起使用，當作沙拉抹醬，增加三明治的清爽度。

■ 番茄醬

可以用番茄醬與日式美乃滋 1:1 的比例，當作三明治吐司抹醬使用，除了可降低美乃滋的使用量，也能降低番茄醬的酸度，是經常拿來做沙拉醬的千島醬用法。

■ 蜂蜜

在大蒜奶油醬內加入蜂蜜，甜甜又鹹鹹的滋味，是韓式吐司抹醬的其中一種作法。

■ 初榨冷壓橄欖油

在開放式沙拉吐司上，可以直接淋上橄欖油，降低生菜的生澀感，適合涼拌，也能炒野菇、海鮮。

■ 日式美乃滋

美乃滋除了是三明治的潤滑劑以外，抹醬可以阻隔吐司與食材，配料的水分不會流到吐司內，讓吐司保持乾爽感。

■ 三明治火腿片

火腿片是早餐的好幫手，只要簡單加熱，就可以搭配吐司做多種變化。

■ 低脂培根

減脂的培根在加熱時，可以降低釋放出的油脂噴濺，並縮短加熱的時間，略帶鹹度，能增加配料的香氣。

常用的料理工具

■ **餅乾壓模**

製作餅乾用的造型模型，可當作吐司壓模，把吐司變成有趣又可愛的模樣，就能改變吃吐司的心情。

■ **圓形煎蛋器**

不只可以變化吐司造型，把切割下來的吐司，疊上另一片完整的吐司，就能做開放式吐司，可放入喜歡的餡料。

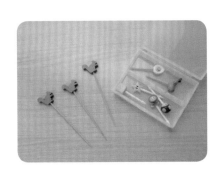

■ **造型竹籤**

竹籤可以固定三明治的夾餡，可愛造型竹籤在派對時能增加趣味感，手拿方便吃的小點心。

■ **料理不沾烤盤**

（長 10cm x 寬 10cm x 高 3cm）

小熱狗或煎雞蛋，可以放在小型的不沾烤盤中，一起送進烤箱和吐司一起烘烤，縮短料理的時間。加熱完成後，只要把吐司和配料進行組裝，不需要再另外用平底鍋煎烤其他配料食材。

■ 6 格馬芬烤盤
（直徑 6.5cm x 深 3cm）

製作馬芬用的烤盤，可以做迷你的鹹派，把吐司撕成小塊，加入雞蛋、起司絲、火腿丁、玉米，經過烘烤就會凝固成小杯子，適合當做派對小點心。

■ 耐熱陶盤（14cm x 11cm）

可直接進行調理、加熱、上桌的耐熱陶盤，製作布丁吐司、焗烤相當方便，具有美觀實用性。

■ 烘焙散熱架

加熱完成的吐司，可以放在烘焙散熱烤架上 30 秒到 1 分鐘後，再移到盤子上，能保持吐司的酥脆感，也能直接在散熱架上組裝三明治配料。

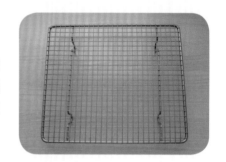

■ 三明治包裝紙（30cm x 30cm）

製作好的三明治，可以用三明治包裝紙包起來，方便攜帶出門、野餐露營，而且耐熱、防油、不外漏。

■ 多功能水煮蛋切割器

可切片、切塊，任意變化水煮蛋造型的切割器，能把每一片水煮蛋切成一樣大小，是製作三明治的好幫手。

■ 鋁製導熱奶油塗抹刀

鋁具有導熱性，刀面可以傳達溫度，幫助奶油軟化，更容易切開。

■ 保鮮膜

完成的水果三明治，可以用保鮮膜包起來放入冰箱冷藏，除了能固定住餡料、完全包覆沒有空隙，就可減少吐司水分的流失。

■ 方形切片吐司壓模

兩用的吐司壓模，一面先壓出紋路、一面可切割吐司，做出方形或長型果醬夾心吐司或造型吐司。

15

■ 200ml 不鏽鋼計量杯

測量牛奶、水用的小型量杯,口徑大,可當作調理碗,方便混合少量的抹醬食材。

■ 蛋塔模 (上圓徑 72mm x 下圓徑 43mm x 高 23mm)

在小烤箱烘烤吐司時,可放一小碟的水,能產生蒸氣,讓吐司保留水分。做烘焙用的蛋塔模小巧不占空間,可加水放入烤箱內一起加熱。

■ 多功能蔬菜處理器

可以將小黃瓜、根莖類蔬菜切成薄片的處理器,讓每一片厚度一致。在接菜容器中加入鹽巴,可將小黃瓜軟化並去除水分,醃製後放在三明治吐司中當作夾餡,能增加爽脆感。

■ 壓泥器

蒸熟的芋頭、馬鈴薯趁熱用壓泥器搗成泥狀,90 度垂直的設計,方便施力搗碎食材。

容易上手的烹調方式

■ **把厚片吐司從中間切開夾餡**

省去組裝配料的繁複步驟，可以買厚片吐司從中間切開，讓吐司變成一個口袋狀，就能放入餡料，不需要再用保鮮膜或包裝紙固定住餡料，夾果醬、生菜、鮪魚沙拉、蛋沙拉餡，容易掉餡料的都很適合。

■ **烘烤時會流出奶油或融化的起司時，**
　可在吐司底部放錫箔紙

在吐司底部放錫箔紙，防止烘烤後流出的液體會接觸到加熱燈管或烤箱內部，可延長烤箱的使用壽命。

■ **只想吃一片吐司的夾餡做法**

把吐司對摺後用牙籤固定，再放入烤箱加熱，可以固定住吐司的形狀，中間就能放入生菜、火腿片、歐姆蛋當作熱狗堡一樣夾起來吃。

■ **耐熱長方形陶盤直接料理、烘烤一**
　次完成

可微波、烘烤一次搞定的耐熱烤盤，不用再更換容器，能放入一片吐司直接料理就輕鬆上桌。

■ 家裡的吃飯碗是定型吐司的好工具

飯碗的弧度與一般的吐司大小差不多，如果不想吃吐司邊，把吐司放入餡料對摺後，先按壓讓吐司完全緊密，再左右扭轉，就可以取下吐司邊。

■ 用錫箔紙蓋住需長時間烘烤的料理

烘烤的料理與加熱燈管非常接近時，為了要讓食材完全熟透，可以在料理表面蓋上錫箔紙，防止上層烤焦，而食材還未完全熟透的情況發生。

■ 固定住三明治切法

用一隻手的食指與大拇指固定住吐司上下兩端，另一隻手拿刀子切吐司，就能完全固定住內餡，不會在切開的時候滑動。

■ 電烤盤

一次可以加熱二片吐司的電烤盤，能順便煎蛋、烤火腿片，是做韓式吐司的好幫手。

■ 保鮮膜

保鮮膜不只可以固定吐司的餡料，製作芋泥抹醬，也能先用保鮮膜塑形和吐司一樣大小的餡料，保鮮膜拆開後就可直接把餡料放在吐司上。

■ 保鮮膜固定住餡料

尚未成型的歐姆蛋或打發鮮奶油放入吐司內後，用保鮮膜做第一次的固定，可以讓鬆軟的食材完全緊密在一起，切開時餡料就不會散開。

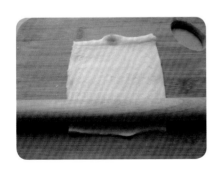

■ 擀麵棍

想做吐司捲，可以先把薄片吐司壓扁再擀平、延長，能做肉桂吐司捲、火腿起司捲。

■ 餐巾紙

帶皮的雞腿肉在加熱時，釋放出的油脂可以用紙巾擦拭，除了能保有雞皮的酥脆以外，放入吐司裡不會流出過多的油脂而有油膩感。

■ 餐巾紙

水分比較多的水果、蔬菜，放入吐司前，可以先放在餐巾紙上去除過多的水分，就能讓三明治吃起來更乾爽。

■ 輕壓吐司固定住餡料

放入鬆餅機方形烤盤內的吐司三明治，在蓋上機器前，由上往下輕壓吐司，先讓餡料密合，蓋上機器上蓋時，也能防止餡料太厚而造成機器損壞。

🕐 冷凍保存及解凍方式

■ 冷凍保存

剛買回來的吐司保水度高、特別鬆軟，最適合做夾餡三明治，比如：蛋沙拉吐司、水果三明治。

吐司可以用夾鏈袋，或吐司束帶密封起來，放入冷凍保存 3 ～ 7 天。

■ 解凍方法

吐司從冷凍庫取出，放在保鮮盒內，蓋上上蓋，室溫解凍 5 ～ 10 分鐘，就可以進行烘烤加熱。

三明治的組裝

■組裝前

1

把食材整理成和吐司一樣大小，方便在吐司中做排列。

2

把水果放在紙巾上，去除多餘的水分，堆疊時就不易滑動。

3

容易鬆散的食材，加入美乃滋當作黏著劑，讓食材緊密在一起。

■組裝時

1

把生菜當作杯子放在最底下，容易鬆散的食材放在裡面就不易掉出來。

2

先放容易散開的蛋沙拉、肉鬆食材，再放可固定的材料。

3

在吐司上放入沙拉抹醬或任何抹醬，可以阻隔食材與吐司，讓吐司保持乾爽。

■組裝後

1

不需要膠帶，把散熱完全的三明治用保鮮膜包起來就能固定。

2

切吐司三明治時，刀子上下滑動往下切開。

3

用保鮮膜包住的豐富三明治，食材不易掉出來。

Part 1

抹醬輕鬆上桌

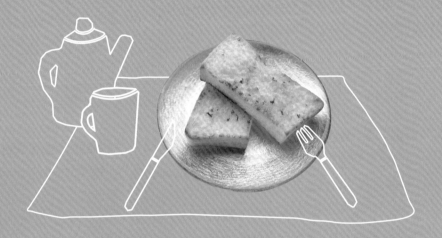

抹醬是吐司的潤滑劑，不管是甜醬或鹹醬都很適合搭配吐司，在抹醬內加入堅果、水煮蛋、馬鈴薯泥、芋頭泥，讓抹醬變成最佳主角，早餐時間也能快速變化不同的吃法。

01

奶油乳酪優格抹醬

用無糖優格取代鮮奶油，可以當作抹醬使用，酸酸甜甜的奶油乳酪優格抹醬，風味清爽，抹在吐司上再加水果一起吃，是最適合的吐司組合。

⏲ 30 min

〔食材·1 人份〕

無糖優格 25g
奶油乳酪 50g（室溫軟化）
糖粉 10g

〔使用工具〕

玻璃攪拌碗
攪拌棒

小叮嚀

將奶油乳酪放在室溫30〜40分鐘軟化，用攪拌棒按壓至軟的程度，就能快速與糖粉混合。

餡料製作

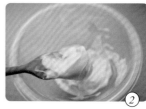

① 將軟化的奶油乳酪放入玻璃攪拌碗中，加入糖粉混合均勻。

② 接著加入無糖優格攪勻，放入冰箱冷藏 30 分鐘，拿出即可使用。

美味 Tips

· 加入季節水果當作夾餡更美味，可參考 P.56 芒果三明治、P.110 水果優格沙拉吐司。

02

芋泥抹醬

芋頭趁熱時最好壓成泥狀，只要加入牛奶、甜菜糖混合均勻，能當作吐司的抹醬配料，可加不同食材變化口味。

⏱ 5 min

〔食材·1人份〕

芋頭塊 200g
牛奶 50c.c.
甜菜糖 10g（或白糖）

〔使用工具〕

微波爐

小叮嚀

用微波爐短時間加熱，就可以讓芋頭變軟。

餡料製作

① 將芋頭塊放到可微波的碗中，加入 10c.c. 的水（分量外），蓋上保鮮膜，並留一點空隙不完全包住，接著將碗放入微波爐加熱 4 分 30 秒。

② 完成後取出倒掉水，趁熱時用壓泥器將芋頭壓成泥狀。

③ 加入甜菜糖，用叉子攪拌，並將糖溶化。

④ 最後倒入牛奶混合成泥狀。

美味 Tips

· 甜菜糖甜度溫潤，可提升抹醬的香氣和風味。

· 芋泥抹醬可當作夾餡使用，請參考 P.46 熱壓芋泥起司洋芋三明治吐司、P.48 熱壓芋泥麻糬葡萄吐司。

· 把牛奶加入芋頭泥中，可以增加芋泥的滑順感，放入冷藏可保存1～3天。

03

雙色抹茶奶油乳酪吐司

利用原味、抹茶二種奶油乳酪抹醬，
直接抹在香軟的吐司上，不需要烘烤，風味清爽，
是帶有抹茶香的大人滋味。

 10 min

〔食材・1 人份〕

厚片吐司 1 片

牛奶 5c.c.

抹茶醬

　抹茶粉 2g

　熱水 10c.c.

奶油乳酪醬

　室溫軟化奶油乳酪 90g

　糖粉 1 大匙

〔使用工具〕

小湯匙 2 支

小叮嚀

用湯匙背面挖取抹醬的
方法，取湯匙一半的抹
醬量並往外挖起。

餡料製作

① 將抹茶粉和熱水混合均勻、奶油乳酪與糖粉用
　攪拌棒攪勻備用。

② 抹茶奶油乳酪抹醬：取奶油乳酪醬一半的分量
　放到抹茶醬中，繼續用攪拌棒混勻。

③ 原味奶油乳酪抹醬：將剩下的奶油乳酪醬中加
　入牛奶，繼續混合均勻。

吐司製作

④ 將厚片吐司放在料理木盤上，取 1 支小湯匙，
　利用湯匙背面挖取半匙抹茶奶油乳酪抹醬。將
　湯匙背面沒有抹醬的地方先靠在吐司上，抹茶
　醬從上往下抹在吐司上。

⑤ 再用另一支湯匙背面挖取半匙原味奶油乳酪抹
　醬，塗抹在第一匙抹茶醬位置邊緣重疊處。

⑥ 第二排先塗原味奶油乳酪抹醬、再塗抹茶奶油
　乳酪抹醬，與第一排顏色對調，重複數次相同
　步驟，將整片吐司塗抹完畢。

美味 Tips

・在奶油乳酪中加入少量的液體（牛奶或優格），能增加抹醬的香滑濕潤感。

・把抹茶粉過篩，再與熱水混合，抹茶粉更容易攪散。

04

帕馬森起司烤香蒜吐司

充滿奶油香氣的香蒜吐司，
撒上帕馬森乾酪絲再烘烤，風味更濃郁，
搭配濃湯就是無敵美味的早餐選擇。

香酥的金磚吐司，
充滿大蒜奶油香。

 8 min

〔食材・1 人份〕

白吐司（厚度 1.5cm）1 片

室溫軟化無鹽奶油 25g

海鹽 1 小撮

蒜泥 3g（約 1 顆）

帕馬森乾酪絲 5g

新鮮巴西里碎末 1g

餡料製作

① 帕馬森起司香蒜抹醬：取一小碗，放入軟化的
無鹽奶油、蒜泥、帕馬森乾酪絲、海鹽混合均
勻。

吐司製作

② 將吐司對半切，直接塗抹步驟 1 的帕馬森起司
香蒜抹醬。

③ 接著將吐司和一小碟的水放入小烤箱中，以
180 度，烘烤 4 ～ 5 分鐘至金黃色，盛盤後加
入新鮮巴西里碎末。

〔使用工具〕

小烤箱

—— 美味 Tips ——

在烤箱內放入一小碟的
水，可以讓吐司在烘烤
後不會過乾，仍保有濕
潤感。

小叮嚀

沒用完的抹醬可以用
保鮮膜包成糖果狀，
放入冰箱冷藏，每次
可切小塊再使用。

05

美式早餐盤香蒜起司吐司

加入奶油一起攪拌，
炒蛋口感滑嫩
充滿奶香。

西式的早餐盤有吐司、炒蛋、德式香腸、沙拉，
豐富又有營養，是人氣打卡美食！
吐司抹上帕馬森起司香蒜抹醬，直接吃也很美味。

 10 min

〔食材．1 人份〕

去邊薄片白吐司 1 片

德式香腸 1 條

炒蛋

　雞蛋 2 個

　全脂牛奶 10c.c.

　無鹽奶油 10g

　研磨海鹽 0.5g

吐司抹醬

　帕馬森香蒜起司醬 10g

沙拉

　生菜葉 20g

　小番茄 1 ～ 3 個

　玉米粒 5g

　奇異果半個

佐醬

　和風洋蔥醋味沙拉醬 2 小匙

　番茄醬 1 小匙

〔使用工具〕

平底鍋、矽膠耐熱料理刮刀

小叮嚀

用炒完炒蛋的平底鍋，用煎烤的方式繼續加熱吐司。

餡料製作

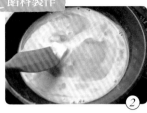 

① 先將沙拉食材洗淨，奇異果、番茄切半，放進冰箱冷藏備用。

② 直接把炒蛋食材放入不沾平底鍋中，開小火慢慢加熱，讓奶油與炒蛋食材混合均勻，加熱時需不停攪拌至蛋液微凝固後熄火。用餘溫把剩下的蛋液炒至半熟（全程加熱約 5 分鐘），再取出放在餐盤上。

吐司製作

③ 吐司去邊、斜切，塗抹帕馬森起司香蒜抹醬。

④ 將德式香腸與步驟 3 的吐司放入平底鍋中，吐司抹醬面朝下，開小火慢慢煎烤至金黃色（約 2 分鐘），翻面後繼續加熱至另一面呈金黃色（約 2 分鐘）就可盛起，最後取出德式香腸（繼續加熱 1 分鐘），接著把沙拉、吐司、德式香腸放到步驟 2 的餐盤上。

美味 Tips

・選擇不沾鍋做西式炒蛋，放入奶油混合製成牛奶蛋液，味道會更香嫩。

06

咖啡奶酥吐司

帶著奶油香氣的
奶酥吐司，
烘烤後特別香脆！

把大人味的太妃糖核果風味拿鐵，
變成有咖啡香氣的奶酥抹醬，
塗抹在吐司上烘烤，隨時都可變化各種口味。

 5 min

〔食材・1 人份〕

厚片吐司 1 片

室溫無鹽奶油 20g

三合一即溶咖啡粉 23g

〔使用工具〕

小烤箱

小叮嚀

將奶油與咖啡粉直接放
在可加蓋的容器中攪
拌，用不完的抹醬可以
直接加蓋保存。

餡料製作

① 取一容器，放入三合一即溶咖啡粉、軟化後的
　無鹽奶油攪拌均勻至看不見奶油。

吐司製作

② 將步驟 1 混合的抹醬塗抹在吐司上。

③ 把咖啡抹醬抹平後，用抹刀在抹醬上斜切出十
　字紋路。

④ 將吐司和一小碟的水放入小烤箱，以 180 度烘
　烤 4 ～ 5 分鐘至呈金黃色。

──────── 美味 Tips ────────

・用三合一咖啡粉取代奶粉，就能做成奶酥醬，即溶可可粉也可以。

・可以在抹醬表面畫上十字紋路，宛如菠蘿麵包，增加童趣感。

07

黑芝麻奶酥抹醬吐司

在吐司上塗抹一層厚厚的芝麻奶酥醬，
邪惡的芝麻奶酥吐司，充滿芝麻香氣，
烘烤後酥酥的特別香脆。

只要芝麻醬加奶粉，
美味升級！

 5 min

〔食材‧1 人份〕

厚片白吐司 1 片

蜂蜜黑芝麻醬 2 大匙

全脂奶粉 2 小匙

裝飾：糖粉適量

〔使用工具〕

小烤箱

餡料製作

① 取一容器，放入蜂蜜黑芝麻醬、全脂奶粉混合均勻。

吐司製作

② 將步驟 1 的黑芝麻奶酥抹醬塗抹在吐司上，用刀背畫出紋路，接著放入小烤箱中以 180 度烘烤 3 ～ 4 分鐘。

③ 盛盤後撒上糖粉。

小叮嚀

用現成的蜂蜜黑芝麻醬或巧克力醬，只要加入全脂奶粉，就可以做奶酥吐司。

08

法式焦糖奶油核桃乳酪吐司

讓整個早晨
充滿核果香氣！

帶有焦糖香氣的奶油核桃乳酪抹醬，

可以搭配著烤吐司一起吃，

淋上法式焦糖醬更香甜，有幸福的滋味。

 10 min

〔食材‧1人份〕

法式焦糖醬 20g

軟化奶油乳酪 75g

核桃 50g

法式焦糖醬

　鮮奶油 80g

　白糖 80g

　水 1 大匙

　鹽之花 1 小撮

〔使用工具〕

小烤箱

食物攪碎機

法式焦糖醬作法

① 在小湯鍋中放入水和白糖，開中小火慢慢煮至焦糖色。

② 將鮮奶油用微波爐先加熱 10 秒，接著再微波 10 秒。

③ 焦糖煮至焦化後熄火，倒入鮮奶油快速攪拌均勻，接著加入鹽之花。

法式焦糖奶油核桃乳酪抹醬作法

① 將法式焦糖醬與核桃放入烤皿中混合均勻，放進小烤箱以180度加熱3～4分鐘後取出放涼。

② 將軟化的奶油乳酪放入食物攪碎機中，以低速 5 秒把乳酪打散。

③ 加入步驟 1 一半的焦糖核果，以分段低速 1～2 秒鐘，慢慢攪拌均勻。

④ 最後加入剩下的焦糖核果，把核果打碎後，仍保留部分核桃碎顆粒感。

小叮嚀

‧ 法式焦糖醬可先做好放在冰箱冷藏。

‧ 焦糖醬可省略鮮奶油，直接把核桃放入煮好的焦糖中，取出鋪平放涼再切塊，就能和奶油乳酪一起打碎。

‧ 防止食物攪碎機空轉，核桃要往下壓，才能打碎得更均勻。

大人的巧克力三明治

和柑橘果乾意外超搭的榛果巧克力醬，
夾著吐司一起吃，酸酸甜甜的滋味，
還有大粒果乾，是有高級感的大人滋味。

5 min

〔食材・1 人份〕
薄片全麥吐司 2 片
榛果巧克力醬 2 小匙
柑橘果乾 5g

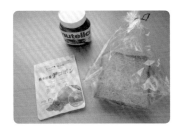

〔使用工具〕
飯糰造型壓模

小叮嚀

也可以使用做餅乾的壓
模。

吐司製作

① 將全麥吐司切邊,接著用造型壓模在吐司 1/2
　處按住往下壓。

② 將吐司和壓模翻面,用抹刀由左至右按壓有造
　型的壓模處,就可以取下造型吐司。另一片吐
　司也以相同步驟進行。

③ 在二片熊熊吐司上塗抹榛果巧克力醬。

④ 把柑橘果乾剪成小塊,並均勻放在其中一片有
　抹醬的吐司上。

⑤ 接著蓋上另一片吐司即完成。

美味 Tips

・把果乾剪成小塊,每一口都可以吃到果乾的酸甜滋味。

10

花生巧克力香蕉方形吐司

加熱後的香蕉，
熱熱的吃更香。

巧克力和香蕉是超級絕配的組合，
加上花生醬可以降低甜膩感，
放入巧克力米，能增加吐司的口感與豐富度。

 10 min

〔食材・1 人份〕

薄片白吐司 2 片

新鮮香蕉 1 根

葵瓜子巧克力 2 小匙

吐司抹醬

　顆粒花生醬 1 大匙

　榛果巧克力醬 1 大匙

〔使用工具〕

多功能鬆餅機

方形吐司烤盤

小叮嚀

· 容易掉落或過大的食材，可以放入方形吐司烤盤中，經過熱壓，能把食材固定在吐司內。

· 加入巧克力米或堅果，可以固定住加熱後的香蕉，切開時餡料不易滑動，能保持餡料完整度。

吐司製作

① 將二片吐司分別塗抹上顆粒花生醬、榛果巧克力醬，撒上巧克力米，接著把香蕉去皮後對切，放在已塗抹巧克力醬的吐司上。

② 接著把塗抹顆粒花生醬的吐司蓋在香蕉巧克力的吐司上，放入已預熱的鬆餅機方型烤盤中，蓋上機蓋熱壓 4 分鐘。

美味 Tips

· 防止香蕉變黃，加熱前再去皮，蓋上吐司後就加熱，要吃的時候再對切，可以減少香蕉接觸空氣氧化。

· 利用二種鹹甜抹醬，可以降低甜膩感。

Part 2

有配料的抹醬

地方媽媽最大的煩惱就是如何讓家裡的大小朋友愛上吃早餐,抹醬加一點變化與食材,增加豐富感,吃不完的洋芋片、造型吐司模型,讓吐司又有新的靈魂,用抹醬延伸出的有料吐司一次學會!

11

雞蛋沙拉抹醬

用牛奶取代部分的美乃滋，和煮熟的蛋黃攪拌，
風味濃厚的雞蛋沙拉醬，可以直接搭配烤吐司，
也能做三明治吐司夾餡抹醬，營養又美味。

把蛋黃加入沙拉醬中，
口感更香濃。

0:00 15 min

〔食材・1 人份〕

雞蛋 1 個

日式美乃滋 1 小匙

牛奶 1/2 小匙

蛋沙拉調味料

　鹽巴 1 小撮

　黑胡椒 1 小撮

〔使用工具〕

18cm 湯鍋

小叮嚀

・在滾水中煮8～10分鐘，可依自己喜好決定蛋黃的熟度。

・煮蛋前，先用氣室戳孔器在雞蛋下方較圓處戳孔，放入滾水中較不易裂開，也更容易剝除蛋殼。

餡料製作

① 準備一個湯鍋，加水至可以蓋過雞蛋的高度，開爐火煮滾。

② 放入從冰箱取出來的雞蛋，用中小火繼續煮 9 分鐘，完成後冰鎮降溫。

③ 把蛋殼剝開後，切開水煮蛋取出蛋黃，把蛋黃、日式美乃滋、牛奶、鹽巴、黑胡椒放入調理碗中攪拌均勻。

④ 將蛋白切碎，放入步驟 3 的調理碗內再次攪勻。

美味 Tips

・用牛奶取代部分的美乃滋，風味更清爽。

・把煮熟的蛋黃加入沙拉醬中會更濃厚。製作好的餡料，建議當天用完。

・有料的雞蛋三明治可以這樣做：P.68三顆雞蛋沙拉吐司、P.84南蠻炸蝦蛋沙拉三明治、P.184白醬熱狗蛋沙拉吐司、P.58芥末子美乃滋炸雞吐司、P.60德式香腸小黃瓜蛋沙拉吐司

12

熱壓芋泥起司洋芋三明治

香甜的熱芋泥與香脆洋芋片，新鮮組合超酥脆！

Panini 是一種義大利熱壓三明治的作法，
可放肉片、火腿、起司等，經過熱壓的吐司會有酥脆感。
這道食譜以洋芋片與起司當表層熱壓，吐司烤得香脆，
可以當作點心或早餐，享受截然不同的口感。

10 min

〔食材·1人份〕

薄片吐司 2 片

芋泥 100g（作法參考 P.25 芋泥抹醬）

厚切洋芋片 30g

雙色焗烤起司絲 15g

〔使用工具〕

多功能鬆餅機

多功能烤盤

餡料製作

① 把洋芋片放到塑膠袋中，用擀麵棍輕敲，讓洋芋片成平面的薄片。

② 用保鮮膜包裹芋泥，並塑形成與吐司相同大小。

吐司製作

③ 接著在其中一片吐司放入芋泥與 2/3 被壓碎的洋芋片，另一片吐司放上剩下的 1/3 洋芋片與起司絲。

④ 將有放起司絲的吐司面朝上，放在另一片有放芋泥的吐司上。

⑤ 在鬆餅機裝上多功能烤盤預熱後，放入步驟 4 的吐司，並熱壓 4 分鐘，完成後放在烤架上散熱 1 分鐘。

美味 Tips

· 經過加熱的芋泥吃起來更香。

· 用有調味的洋芋片與起司結合，連使用調味料的步驟都可以省略，吃不完的洋芋片就拿來做吐司吧！

13

熱壓芋泥麻糬葡萄吐司

用二片葡萄吐司夾起芋泥和日式麻糬後熱壓，
形成香脆的外皮，香軟的麻糬和熱熱的芋泥，
口感相當豐富，是超美味的爆餡組合。

用熱壓三明治烤盤做的香脆吐司

15 min

〔食材・1～2人份〕

葡萄吐司 2 片（厚度 2cm）

芋頭 200g

全脂牛奶 50c.c.

甜菜糖 10g（可用白糖取代）

日式麻糬 2 個（33g/ 個）

〔使用工具〕

多功能鬆餅機

方形三明治烤盤

小叮嚀

· 甜菜糖可取代白糖，
也能使用白糖代替。

· 加熱後的麻糬放在紙
巾上去除水分，可以
保持餡料的乾爽。

餡料製作

①

②

① 取一玻璃碗，放入芋頭、10c.c. 的開水（分量
外），蓋上保鮮膜放入微波爐加熱 4 分 30 秒，
取出後瀝乾水分，並搗成泥狀，加入牛奶、甜
菜糖攪拌均勻備用（詳細作法參考 P.25 芋泥
抹醬）。

② 把日式麻糬放入可微波的玻璃皿中，加水蓋過
麻糬，放入微波爐加熱 1 分鐘。

吐司製作

③

③

④

④

③ 將 1/3 芋泥塗抹在葡萄吐司上，再放步驟 2 的
麻糬，並蓋上另一片葡萄吐司。

④ 把步驟 3 的葡萄吐司放在已預熱的鬆餅機方型
烤盤上熱壓 4 分鐘，完成後取出切半盛盤。

美味 Tips

· 放入甜餡料的吐司可選擇鬆軟的葡萄吐司、布里歐吐司、丹麥吐司都很搭。

14

馬鈴薯培根沙拉吐司

充滿了培根的香氣，還有小黃瓜風味！

馬鈴薯泥加上爽脆的小黃瓜、低脂培根，
口感更豐富，不只能夾吐司，
也可以當作一道清爽的開胃小菜。

 20 min

〔食材・1 人份〕

薄片吐司 2 片

馬鈴薯 1 個（去皮後約 200g）

全脂牛奶 30c.c.

無鹽奶油 5g

低脂培根 2 片

小黃瓜 1 根（約 75g）

調味（可省略）

　研磨海鹽 0.5g

　黑胡椒 0.5g

小黃瓜去水

　鹽巴 1/2 小匙

〔使用工具〕

小烤箱

微波爐

小叮嚀

馬鈴薯也可以改用電鍋蒸熟。

餡料製作

① 將小黃瓜洗淨後，用刨刀器刨成片狀，接著把小黃瓜放入保鮮盒內加入鹽巴搖晃均勻，靜置 10 分鐘去水。

② 將培根剪成小塊，用不堆疊的方式平均放入烤盤中，以 180 度加熱 5 分鐘，取出後放涼備用。

③ 馬鈴薯去皮後切小塊，放入微波碗中，加入 10c.c. 的開水（分量外），蓋上保鮮膜放進微波爐加熱 4 分 30 秒。

④ 取出後把碗中的水分瀝乾，用搗泥器或叉子將馬鈴薯搗成泥狀，加入無鹽奶油混合均勻，接著倒入牛奶攪勻。

⑤ 將步驟 1 的小黃瓜用雙手擠壓去除水分，與烤過的培根一起放入步驟 4 的馬鈴薯泥中，把所有的食材混合均勻，加入黑胡椒、海鹽調味。

吐司製作

⑥ 把完成的馬鈴薯培根沙拉放在吐司上，蓋上另一片吐司並切成 3 等分。

美味 Tips

・培根與去水的小黃瓜都帶有一點鹽分，最後的調味可依照喜好添加喔！

・鬆軟的馬鈴薯泥搭配香軟的吐司最好，前一晚先做好，隔天也可用烤箱加熱。

15

西式炒蛋香腸奶油吐司堡

用一片吐司對摺就能做的吐司堡，
加入德式香腸、西式炒蛋，大口吃也很有滿足感。
假日營養滿點的早午餐、野餐出遊，也可以這樣做。

15 min

〔食材・1人份〕

薄片白吐司 1 片

德式香腸 1 條

炒蛋（作法參考 P.31）

　雞蛋 1 個

　全脂牛奶 5c.c.

　無鹽奶油 5g

　研磨海鹽 0.25g

吐司抹醬

　有鹽奶油 10g

　清爽羅勒鹽 0.2g

　番茄美乃滋 1 小匙（番茄
　醬 1：日式美乃滋 1）

配料

　生菜葉 2 片（約 10g）

　番茄醬 1/2 小匙

　洋香菜葉適量

〔使用工具〕

平底鍋

美味 Tips

將有鹽奶油直接塗在吐司上再加熱，讓奶油的香氣停留在吐司上，加熱後能鎖住吐司的鬆軟度，表面形成微焦的香脆感。

吐司製作

① 在吐司上先塗抹有鹽奶油，接著加入清爽羅勒鹽。

② 將吐司抹醬面朝下放入平底鍋中，用中小火慢慢煎烤 3 分鐘至金黃色，翻面後熄火，用餘溫把另外一面烤至金黃色，完成後取出。

③ 將德式香腸放入平底鍋中，加熱至熟透。

④ 把吐司沒有抹醬那一面朝上，並放在烤網上，用刀子從吐司中間處切一刀，但不切斷。

⑤ 接著取一張烘焙紙（20cm×30cm）上下各往內摺 3 公分，再對摺一次，然後放入吐司，並塗抹番茄美乃滋。

⑥ 將吐司上部、下部往中間對摺，兩側烘焙紙收口扭轉固定。

⑦ 最後在吐司上放入生菜、熱狗、西式炒蛋，再來加入番茄醬、洋香菜葉裝飾。

小叮嚀

用烘焙紙當作容器，兩側用包糖果的方式把烘焙紙固定，不需要膠帶就可以完成。

16

烤蔬菜馬鈴薯培根沙拉吐司

經過烘烤的野菇和根莖類蔬菜，
與馬鈴薯培根沙拉放在吐司上，做成開放式三明治，
超清爽又豐富，營養美味！

 12 min

〔食材・1 人份〕

厚片吐司 1 片

馬鈴薯培根沙拉 1 份（約 100g）〔作法可參考 P.50〕

鴻禧菇、美白菇各 50g

櫛瓜 1/3 根（切塊，約 80g）

彩椒半個（切片，約 10g）

生菜葉 2 ～ 3 片

烤蔬菜調味料

橄欖油 1 大匙

蒙特婁口味雞肉調味料 1/2 小匙

裝飾

市售炸蒜片 5 ～ 6 片

帕馬森乾酪絲 1g

〔使用工具〕

小烤箱

餡料製作

① 先手撕鴻禧菇、美白菇成條；櫛瓜、彩椒切適當大小，並放到烤盤中淋上橄欖油攪拌均勻。

② 撒上蒙特婁口味雞肉調味料，用湯匙將所有食材混合均勻。

③ 把烤盤放進小烤箱中，以 180 度烘烤 8 分鐘，完成後取出備用。

吐司製作

④ 接著將吐司和一小碟的水放進烤箱中，以 180 度烘烤 4 分鐘。

⑤ 將烘烤過的吐司放在盤子上，加入生菜、馬鈴薯培根沙拉、烤熟的蔬菜，以及炸蒜片，帕馬森乾酪絲裝飾即可上桌。

小叮嚀

隔夜的馬鈴薯培根沙拉也可以放在烤箱內，以 180 度加熱 5 分鐘，熱熱的吃。

美味 Tips

・將蔬菜拌上橄欖油和調味料再烘烤，蔬菜在加熱的過程就不會流失水分而過乾。

17

芒果三明治

充滿水分的季節性新鮮水果搭配鬆軟的吐司，
抹醬是清爽的奶油乳酪優格醬，是下午茶點心甜蜜的滋味。
剛買回來的吐司濕潤度最高，直接夾餡最適合。

用奶油乳酪優格醬
取代鮮奶油，
吃起來沒有負擔。

0:00 40 min

〔食材・1 人份〕

薄片白吐司（厚度 1cm）2 片

新鮮愛文芒果 1/2 顆

吐司抹醬

　奶油乳酪優格醬 40g

　（作法參考 P.24）

〔使用工具〕

保鮮膜

小叮嚀

- 用無糖優格取代鮮奶油，熱量更低。
- 奶油乳酪優格醬可先做好放在冰箱冷藏。
- 買來的吐司可直接放入冷凍保存，使用前先解凍 10～15 分鐘，能保其鬆軟度。

餡料製作

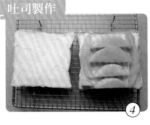① ③

① 把芒果洗乾淨後，用紙巾擦乾平放在砧板上，用水果刀切除芒果的頭部，並從果籽上半部、下半部切開取得兩大塊果肉，接著取下果籽兩側長形的果肉。

② 將取下的芒果切成 3 等分並去除芒果皮，以相同方式取下果籽兩側長形的果肉。

③ 將芒果肉對切 2 份共 4 塊，果籽兩側的果肉 2 長條，放在紙巾上去除水分。

吐司製作

④ ⑦

④ 把兩片吐司抹上 1/3 奶油乳酪優格醬，中間先放入比較大塊的芒果肉，吐司兩旁放果籽側邊長形的果肉。

⑤ 在吐司空隙處填入剩下的 2/3 奶油乳酪優格醬，並蓋上另一片吐司。

⑥ 用保鮮膜把吐司整個包起來，標記要切的位置，並放入冰箱冷藏 30 分鐘。

⑦ 吐司取出並拆開保鮮膜，切除吐司邊後再對切。

—— 美味 Tips ——

- 先把水果切好，減少吐司暴露在空氣中的時間，才能保有鬆軟的口感。
- 建議當天吃完，方能保持水果的鮮度與營養。

18

芥末子美乃滋炸雞吐司

高麗菜絲加上
蛋沙拉的組合，
是三明治的最佳配料。

把炸雞、生菜、雞蛋沙拉組合在一起的多重享受，
搭配上酸酸甜甜的法式芥末子美乃滋醬，
清爽又夠味，大口吃最有滿足感！

 10 min

〔食材‧1 人份〕

薄吐司 2 片

雞柳條 3 個（約 140g）

高麗菜絲 50g

雞蛋沙拉醬（作法參考 P.44）

雞肉醃料

　雞蛋液 25c.c.

　日式炸雞粉 25g

吐司抹醬

　有鹽奶油 2 小匙

炸雞沾醬

　日式美乃滋 1 大匙

　法式芥末子醬 1 小匙

吐司淋醬

　美乃滋芥末子醬（日式美乃滋 1 大匙、法式芥末子醬 1 小匙混合）

〔使用工具〕

平底鍋、烤箱

餡料製作

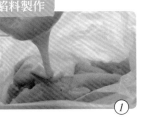

① 先將雞肉醃料雞蛋液、日式炸雞粉攪勻，並放入裝有雞柳條袋中拌勻，送進冰箱冷藏 15 分鐘以上。

② 在平底鍋放入少量油（分量外），用中小火以半煎炸的方式將雞肉煎熟。

③ 雞肉取出後，在平底鍋加入日式美乃滋、法式芥末子醬，利用雞肉的餘溫把沾醬混合均勻，

吐司製作

④ 將吐司放進烤箱中，以 180 度加熱 4 分鐘，並擺上一小碟的水，烤至金黃色，取出後放在烤架上散熱，抹上有鹽奶油。

⑤ 在吐司上放入步驟 3 的雞肉，接著加入雞蛋沙拉醬與高麗菜絲，蓋上另一片吐司，切成 3 等分，用牙籤固定擺盤，淋上美乃滋芥末子醬就完成囉。

小叮嚀

少量的醃料可使用塑膠袋或保鮮袋裝入食材，壓出空氣後，能讓醬料與食材更緊密結合。

美味 Tips

‧ 利用高麗菜絲專用刨絲器切下的高麗菜絲更細，經過冰鎮後，口感會比較好。

19

德式香腸小黃瓜蛋沙拉吐司

吃飯用小碗也是固定吐司餡料的好幫手，
可以穩固容易掉落的沙拉餡料，立刻就能上手。
不用三明治模型就能搞定。

充滿爽脆餡料的
蛋沙拉吐司。

0:00 5 min

〔食材‧1 人份〕

薄片吐司 1 片

蛋沙拉抹醬 1 份約 50g(作法可參考 P.44)

小黃瓜 1/3 根（切丁約 20g）

德式香腸火腿半根（切丁，約 20g）

〔使用工具〕

吃飯用的小碗

小叮嚀

如果用碗切吐司邊切不下的地方，可以用水果刀輔助。

餡料製作

① 將德式香腸火腿丁放至氣炸鍋內，以 180 度氣炸 1 分鐘，取出放涼後與蛋沙拉抹醬、小黃瓜丁混合均勻。

吐司製作

② 用湯匙背面凸起處，在吐司中間均勻壓出一個洞，放入步驟 1 的食材。

③ 將吐司反向轉 180 度後，用中指壓住吐司中間的側邊，並往上對摺。

④ 接著把小碗蓋在吐司對摺後的邊緣處，用雙手按壓固定，將小碗左右扭轉取下吐司邊。

20

鮪魚沙拉三明治

爽口又有滿足感

做三明治如果有剩下的火腿片，
可以把小黃瓜、玉米、火腿丁和鮪魚罐頭，
用大量蔬菜與爽脆配料做成鮪魚沙拉，
包起來冰冰涼涼的吃，很豐盛的一餐。

 10 min

〔食材‧1 人份〕

薄片白吐司 2 片

三明治火腿片 2 片（約 40g）

鮪魚罐頭（瀝油） 135g

玉米罐頭（瀝乾水分）155g

小黃瓜 1 根（去籽）80g

福山萵苣 30g

沙拉用

　美乃滋 40g

吐司抹醬

　美乃滋 1 大匙

〔使用工具〕

烤箱

烘焙紙 (30cm×30cm)

小叮嚀

‧ 用烘焙紙包容易掉餡
　料的三明治，餡料就
　不會掉出來。

‧ 把餡料捏成球狀再放
　在吐司上，餡料成型
　後就不會掉落。

‧ 鮪魚沙拉可以前一晚
　先做好，早上起床只
　要把吐司加熱，就能
　馬上完成。

餡料製作

(2)

(3)

(4)

(4)

① 將小黃瓜洗淨擦乾，先對切再剖對半，用小湯
　匙挖除小黃瓜籽。

② 將小黃瓜、火腿片切成丁狀。

③ 把瀝乾鮪魚油脂的鮪魚肉放入玻璃碗中，用叉
　子弄散後，再加入沙拉用的美乃滋混合均勻。

④ 接著加入小黃瓜丁、火腿丁和瀝乾水分的玉米
　粒攪拌均勻。

吐司製作

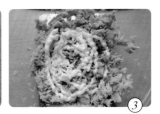

(5)

(6)

⑤ 將白吐司和一小碟的水放進小烤箱中，以 180
　度烘烤 4 分鐘。完成後放在烤架上並塗抹美乃
　滋，以及洗淨的福山萵苣。

⑥ 戴上塑膠手套，將鮪魚沙拉餡料（約 120g）
　用手捏成球狀，並放在步驟 5 的萵苣上，接著
　蓋上另一片吐司。

① 將做好的鮪魚三明治以 45 度角放在烘焙紙上。

② 把右上、左下的烘焙紙往中間吐司處拉緊後用膠帶固定。

③ 接著把左上多餘的烘焙紙往下摺，兩側多餘的烘焙紙往內摺，再將烘焙紙最遠端處往三明治中間摺，用膠帶固定，右下處重覆相同的步驟。

④ 最後將收口的三明治轉 90 度，用刀子從烘焙紙中間前後滑動把三明治切開。

美味 Tips

· 要放入配料的烤吐司，放在烤網上散熱操作，就能保持吐司的乾爽、酥脆感。

· 瀝乾油水的配料，能讓鮪魚沙拉吃起來更爽口。

· 去除小黃瓜的籽，可以減少出水，保持爽脆感。

Part 3

咖啡館系列

吐司是咖啡館內不可缺少的輕食點心，簡單的雞蛋沙拉吐司就可以喚醒早晨，讓一整天充滿活力！加入日式炸豬排、南蠻炸蝦，肉肉的很有滿足感；搭配簡單的果醬和新鮮水果，還能變身為最華麗的下午茶點心。

21

奶油紅豆烤全麥吐司

喚醒早晨的香甜吐司，

當鹹奶油遇上了甜蜜的紅豆醬，

甜鹹交錯間，別有一番風味，是名古屋的特色早餐。

吐司的細縫
也充滿奶油香氣。

0:00 5 min

〔食材・1 人份〕

全麥厚片吐司半片

紅豆調理包 10g

有鹽奶油 1 小匙

裝飾

金箔 1 小片

〔使用工具〕

小烤箱

小叮嚀

可以單純享受抹醬與吐
司的簡單風味,適合用
厚片吐司製作。

吐司製作

① 將全麥吐司分割 3 等分,但不切斷。

② 均勻塗抹上有鹽奶油。

③ 將吐司、一小碟的水放入小烤箱烘烤 3 ~ 4 分
鐘至金黃色。

④ 取出後搭配紅豆醬一起吃。

美味 Tips

· 把吐司切開再塗抹奶油烘烤,加熱後小細縫中流入奶油,吐司吃起來更香脆。

· 鹹奶油與甜紅豆醬搭配,可以降低甜膩感。

22

三顆雞蛋的三明治吐司

加了一顆水煮蛋的雞蛋沙拉三明治，
充滿了濃濃的蛋香，
不用烘烤，直接吃就很有幸福感。

 15 min

〔食材・1～2 人份〕

薄片吐司 2 片

雞蛋沙拉抹醬 2 份 (作法參
考 P.44)〔約 100 克〕

半熟水煮蛋 1 顆

〔使用工具〕

保鮮膜

小叮嚀

用無鹽奶油加熱蛋汁，
筷子滑動蛋液輔助加熱
至半凝固感，熟雞蛋的
奶油香會更濃郁且口感
蓬鬆，是西式煎蛋（歐
姆蛋）一種作法。

吐司製作

① 把 2/3 的雞蛋沙拉放入其中一片吐司上，接著
　在中間加上半熟水煮蛋。

② 利用剩下的雞蛋沙拉把水煮蛋底部的縫隙填
　滿，並覆蓋住水煮蛋。

③ 蓋上另一片吐司，用保鮮膜把吐司包起來固
　定，並放入冰箱冷藏 10 分鐘。

④ 吐司取出後，拆掉保鮮膜，切掉吐司邊並對切
　即完成。

美味 Tips

・煮一鍋熱水，水滾後輕輕放入從冰箱取出來的雞蛋（用戳洞器在雞蛋底部氣室先
　戳孔），利用湯匙在鍋緣順時針滾動3圈，轉中小火繼續煮9分鐘，蛋黃就會在水
　煮蛋中間，並且呈現濕潤的半熟感。

・冷藏10分鐘的蛋沙拉三明治吐司，風味最佳。

23

歐姆蛋生吐司

歐姆蛋生吐司是日本咖啡館內最受歡迎的輕食點心，
用大量奶油和雞蛋堆疊的歐姆蛋，放在剛做好的白吐司上，
滿滿的濃郁蛋香，不加任何蔬菜也很美味！

15 min

〔食材・1～2人份〕

薄片吐司 2 片

雞蛋 3 個

調味

全脂牛奶 30c.c.

日式美乃滋 1 小匙

海鹽 1 小撮

無鹽奶油 10g

吐司抹醬

日式美乃滋 10g

〔使用工具〕

20cm 平底鍋

保鮮膜

小叮嚀

- 使用保鮮膜容易固定吐司，也非常好拆。
- 用無鹽奶油煎蛋，蛋香更濃郁，是歐姆蛋的作法。

餡料製作

① 將雞蛋打入玻璃碗中，加入全脂牛奶、日式美乃滋、海鹽混合均勻。

② 在平底鍋中放入無鹽奶油，開中小火加熱後，倒入全部的蛋液。

③ 等 1 分鐘待蛋液微凝固，用筷子從鍋緣把蛋液往中間滑動，順時針相同步驟至蛋液完全凝固。完成後將歐姆蛋對摺成吐司大小。

吐司製作

④ 在吐司抹上日式美乃滋，再放入歐姆蛋。

⑤ 把另一片有抹醬的吐司蓋在歐姆蛋上，準備一張保鮮膜，將吐司包起來固定 5 分鐘。

⑥ 拆開保鮮膜，用刀子去除吐司邊，並將吐司切成 4 等分。

美味 Tips

- 在蛋液中加入牛奶、少量的美乃滋，可以讓歐姆蛋更蓬鬆。
- 剛買來的吐司含水量高，適合直接吃，是生吐司的概念。
- 包上保鮮膜與切掉吐司邊的速度要快，減少吐司暴露在空氣中的時間。
- 吐司邊要去除或保留都可以，切掉吐司邊，品嚐的口感會更好。

24

日式炸豬排三明治

豬排醬加了
磨碎的芝麻粒,
吐司也沾滿醬香。

將炸豬排沾裹豬排醬,並夾進生吐司內,
香軟的吐司搭配酥脆的豬腰內肉,是日本的國民美食,
先油炸再用氣炸鍋加熱,讓炸豬排更爽口。

 20 min

〔食材·1人份〕

白吐司（厚度 1.5cm）二片

腰內肉 90g

炸豬排沾醬
　日式中濃醬 1 又 1/2 大匙
　芝麻粒 2 小匙

腰內肉調味
　海鹽 1 小撮

吐司抹醬
　日式美乃滋 1 大匙
　炸豬排沾醬 1 小匙

炸豬排沾粉
　片栗粉 2 大匙
　蛋液 1 顆
　麵包粉 20g（作法參考 P.234）

────────────

〔使用工具〕

平底鍋、氣炸鍋

餡料製作

② ④

① 將腰內肉切成 2 塊，撒上海鹽，用手指按壓成扁狀，依序沾裹片栗粉、蛋液、麵包粉。

② 將摺疊後的盒形烘焙紙放入平底鍋內，加入 25c.c. 植物油（分量外），用中小火加熱至試油溫的筷子冒起小泡泡，再放入步驟 1 的豬排，兩面各炸 1.5 分鐘，取出後瀝乾。另外一塊豬排也以相同的步驟完成。

③ 將油炸後的豬排放入氣炸鍋內，以 200 度氣炸 5 分鐘。

④ 將芝麻放入研磨鉢中磨成細狀，把芝麻細粉加入日式中濃醬攪拌均勻。

吐司製作

⑤

⑤ 在兩片吐司單面各抹上日式美乃滋，在吐司中間放 1 小匙炸豬排沾醬，用湯匙背面把醬汁塗抹開至要放上炸豬排的位置，接著放上炸豬排，在炸好的豬排上放入剩下的豬排醬，蓋上另一片吐司對切盛盤。

小叮嚀

· 把烘焙紙摺成小容器，可以減少炸油的使用，也能讓食材均勻加熱。

· 腰內肉較厚，不易熟透，先把表面炸酥，再用氣炸鍋高溫加熱，能讓腰內肉中心熟透，及去除多餘的油分，食用上會更乾爽酥脆，也可以使用烤箱。

25

草莓鮮奶油三明治

香甜的鮮奶油和季節草莓最搭，
挑選大顆的草莓，水分多汁又酸甜，
可以增加清爽度，最適合做鮮奶油三明治了。

用吐司夾入
新鮮草莓、鮮奶油，
是最簡單的幸福點心。

0:00 130 min

〔食材‧1人份〕

動物性鮮奶油 100c.c.

新鮮白吐司 2 片

白糖 10g

新鮮草莓（大）5 顆

〔使用工具〕

保鮮膜

手持食物攪拌棒

小叮嚀

在草莓空隙中放入打發鮮奶油，能固定住草莓，切開時不易滑動。

餡料製作

① 將鮮奶油、白糖混合打至八分發，鮮奶油可以附著在攪拌棒上挺直的程度後，放入冰箱冷藏 1小時。

② 將草莓洗淨以紙巾擦乾水分，用水果刀將草莓的蒂頭切掉。草莓切面放在紙巾上去除多餘的水分備用。

吐司製作

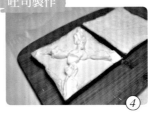 

③ 兩片吐司先均勻抹上薄薄一層的鮮奶油。

④ 取 10g 打發的鮮奶油，分別放在吐司的斜對角呈 X 型。

⑤ 在 X 型鮮奶油的表面放上草莓，並於草莓中間凹洞處補上部分的鮮奶油。

⑥ 用保鮮膜把吐司包裹起來，並放入冰箱冷藏 1小時。

⑦ 從冰箱取出後，去除吐司邊，從吐司二側對角各斜切一刀即完成。

26

楓糖果醬法式吐司

用大量奶油與楓糖漿香煎的法式吐司。

在吐司中夾入喜歡的果醬，
沾上牛奶蛋液，用奶油慢煎的法式吐司，
有楓糖漿的香氣，是日式甜點店最受歡迎的下午茶點心。

 20 min

〔食材・1 人份〕

薄片白吐司 2 片

無鹽奶油 10g

楓糖醬 1 小匙

調味

　雞蛋 1 個

　牛奶 30c.c.

吐司抹醬

　樹葡萄果醬 10g

―――――

〔使用工具〕

平底鍋

小叮嚀

· 利用吃飯的碗或馬克杯圓形的口，由上往下按壓住吐司，也可以取下圓形吐司。

· 使用煎蛋器切割吐司，可以放一張紙巾或面紙在切割器上，能輕易固定施力點防止手受傷。

吐司製作

① 準備一個調理盒，打入雞蛋，加入牛奶混合均勻備用。

② 把煎蛋器（直徑 9cm）放在吐司上，往下按壓取出吐司。另一片吐司也以相同的步驟進行。

③ 在其中一片圓形吐司表面塗抹樹葡萄果醬，再蓋上另一片圓形吐司。

④ 把步驟 3 的圓形吐司二面及邊緣均勻沾裹步驟 1 的牛奶蛋液。

⑤ 準備一個平底鍋，放入無鹽奶油加熱至融化，加入步驟 4 沾有蛋液的圓形吐司，以小火慢煎 2 分鐘，翻面後繼續煎 2 分鐘至呈現金黃色。

⑥ 起鍋前加入楓糖醬，將吐司二面均勻沾上糖漿。

⑦ 吐司取出後對切盛盤，可直接吃或加入喜愛的水果、冰淇淋。

美味 Tips

· 起鍋前淋上的楓糖漿，可以讓香氣停留在吐司的表層，瞬間加熱會多了微焦的香酥感，搭配冰淇淋一起吃更美味。

27

三種起司吐司

用低溫烘烤的三種起司，
淋上蜂蜜一起吃，吐司香軟不甜膩，
是點心也是快速上桌的早餐。

淋上甜甜的蜂蜜醬，
搭配起司，
鹹甜滋味多層次。

15 min

〔食材・1 人份〕

厚片吐司 1 片

漢堡排起司 1 片

雙色起司絲 50g

蜂蜜 1 小匙

吐司抹醬

　軟質乳酪 1 塊（8g）

〔使用工具〕

小烤箱

小叮嚀

・ 用錫箔紙覆蓋住吐司
　底部與側邊，在長時
　間烘烤時，能保持吐
　司的濕潤度，不易烤
　過乾，也可以避免起
　司絲加熱融化後滴到
　燈管，方便清潔。

・ 軟質乳酪質地較軟，
　可先保留吐司邊會比
　較好抹勻，等抹好後
　再切掉吐司邊。

吐司製作

① 先將軟質乳酪均勻塗抹在厚片吐司上。

② 去除吐司邊後，把吐司切成 3 等分。

③ 放一張錫箔紙在吐司的底部，接著把起司片分
　 成 3 等分放在吐司上，最後放入起司絲，並把
　 錫箔紙折成四角形包住吐司側邊。

④ 將吐司、一小碟的水放入烤箱中，以 160 度加
　 熱 10 分鐘，接著調整至 200 度烘烤 3 分鐘。

⑤ 吐司取出後，移除錫箔紙，並放在烤架上散熱。

⑥ 食用前淋上蜂蜜醬更添風味。

28

雙色蔬菜焗烤吐司

把吐司邊邊烤得焦脆，就有披薩的口感。

把義大利麵醬塗抹在吐司上，

加入起司絲與充滿水分的烤蔬菜，

用橄欖油與香料、海鹽調味，偶爾吃個蔬菜也不錯。

 10 min

〔食材‧1人份〕

薄片白吐司 1 片

牛番茄 1 個（切片）

櫛瓜 1/3 根（切片，約 30g）

披薩麵醬 1 大匙

起司絲 20g

清爽羅勒鹽 0.5g

義大利香料 0.5g

橄欖油 10c.c.

〔使用工具〕

小烤箱

美味 Tips

在蔬菜表面淋上橄欖油，加熱時蔬菜的水分才不會過度流失。

吐司製作

① 將披薩麵醬放在吐司上塗抹均勻。

② 接著放入起司絲，依序一層櫛瓜片、一層番茄片擺放。

③ 最後撒上橄欖油、清爽羅勒鹽、義大利香料。

④ 將吐司和一小碟的水放入小烤箱，以 180 度烘烤 7 ～ 8 分鐘即完成。

小叮嚀

‧ 把櫛瓜、番茄切成薄片，就可以縮短加熱的時間，吐司也不會烤得過焦。

‧ 調味的義大利麵醬也可以當吐司抹醬使用。

29

早午餐吐司盒

厚片吐司不只能抹醬，
直接放上德式香腸、水煮蛋、小黃瓜、牛番茄和生菜，
超級豐盛的早午餐盒子，讓一整天都充滿活力。

10 min

〔食材・1 人份〕

厚片吐司 1 片

德式香腸 1 條

水煮蛋 1 個

生菜葉 2 片

小黃瓜 1/3 條

牛番茄 3 片

和風洋蔥醋味沙拉醬 2 小匙

吐司抹醬

　有鹽奶油 2 小匙

〔使用工具〕

小烤箱

小叮嚀

把香腸和吐司一起放入小烤箱中加熱，可以節省料理的時間。

吐司製作

① 將德式香腸斜切後，分成 2 份，放入小烤皿中，噴油備用。

② 把小黃瓜洗淨後，削掉部分的皮，並且切片。

③ 用刀子在厚片吐司上切一個ㄇ字，但不切斷。

④ 在吐司表層塗抹有鹽奶油，和裝有香腸的烤皿一起放入小烤箱中，以 180 度烘烤 4 分鐘至吐司呈現金黃色。

⑤ 將水煮蛋放在切割器中切成片狀、把吐司放在烤架上散熱備用。

⑥ 在吐司上依序排列生菜、牛番茄片、小黃瓜片；最後放入切片的水煮蛋、斜切的德式香腸。

⑦ 盛盤後，淋上和風洋蔥醋味沙拉醬。

--- 美味 Tips ---

・切開後的香腸，加入橄欖油，經過加熱可以保有香脆感，不會過於乾柴。

・去除小黃瓜部分的皮，切片後美觀，口感更好。

30

南蠻炸蝦蛋沙拉三明治

炸蝦醬汁是酸酸甜甜的南蠻醬。

名古屋咖啡廳的特色三明治，
酸甜的炸蝦和清爽的蛋沙拉，加入小黃瓜丁更爽口，
建議用蝦肉緊實的白蝦，才有滿足感。

 20 min

〔食材‧1～2人份〕

薄片白吐司 2 片

去殼白蝦仁 3 尾

小黃瓜丁半根（去籽，約 50g）

蛋沙拉抹醬 130g（作法參考 P.44）

炸蝦麵糊

　日清炸雞粉 15g

　全蛋液 20g

吐司抹醬

　有鹽奶油 2 小匙

南蠻醬汁

　白醋 2 小匙

　醬油 1 小匙

　白糖 1 小匙

〔使用工具〕

小烤箱、平底鍋

小叮嚀

‧ 在蝦身內側劃刀不切斷，蝦子加熱時就不會捲曲。

‧ 蝦子放在紙巾上可以去除水分，更容易沾裹麵糊。

餡料製作

① 取一保鮮盒，放入炸雞粉與蛋液攪拌均勻。

② 將白蝦內側前、中、後各切一刀，但不切斷。

③ 接著把白蝦放入步驟 1 中沾上炸蝦麵糊。

④ 準備一個平底鍋，加入 50c.c. 的植物油（分量外），用中小火加熱至鍋底冒小泡泡後，放入沾裹麵糊的白蝦，蝦身處先朝下加熱 1.5 分鐘、翻面再加熱 1.5 分鐘至金黃色，撈出後放在紙巾上瀝乾多餘的油分。

⑤ 接著把油鍋內的油倒出，加入南蠻醬汁煮至黏稠熄火，放入炸蝦二面沾上醬汁。

⑥ 把切丁的小黃瓜與蛋沙拉抹醬混合均勻。

⑦ 將白吐司放入小烤箱中烤 4 分鐘至金黃色後，放在烤架上，並塗抹有鹽奶油。

⑧ 取一片吐司塗抹一半的蛋沙拉，再放沾有南蠻醬的炸蝦，最後放入剩下的蛋沙拉，蓋上另一片抹有奶油的吐司。

⑨ 將吐司斜放在烘焙紙上 (30cm×30cm)，把右上角與左上角的烘焙紙往吐司中間拉緊，並用膠帶固定。

⑩ 烘焙紙側邊先往內摺，上部多餘的烘焙紙往下摺，用膠帶固定，最後再把底部多餘的烘焙紙往上摺，用膠帶固定。

⑪ 接著從第一次收口中間處，用刀子上下滑動把吐司切開。

—— 美味 Tips ——

· 南蠻醬汁收乾後，熄火再放入炸蝦沾裹醬汁，讓醬汁停留在蝦子的表層，可以保持炸蝦的酥脆感。

Part 4

世界吐司系列

用乳製品類的牛奶、起司和奶油，就能變化不少
異國風味的吐司，韓國路邊攤早餐會用奶油慢煎
吐司、夾了火腿起司油炸香料吐司，是義式餐廳
最受歡迎的開胃菜，出國旅遊時品嚐到的特色美
食，都能成為吐司內豐富的夾餡。

31

水牛起司番茄熱壓吐司

抹上有鹽奶油再熱壓的吐司，
不只香脆、美味，
搭配起司、番茄就是清爽組合！

牛奶加熱放入檸檬汁，
水牛起司就完成。

0:00 20 min

〔食材‧1 人份〕

薄片吐司 1 片

番茄片 2 片

九層塔 3 片

有鹽奶油 1 小匙

水牛起司 50g

　全脂牛奶 300c.c.

　檸檬汁 10c.c.

　鹽巴 1 小撮

調味

　橄欖油 1 小匙

　清爽羅勒調味鹽 1 小撮

〔使用工具〕

小湯鍋

多功能鬆餅機

小叮嚀

水牛起司可以前一晚做好，放在冰箱冷藏保存。

餡料製作

 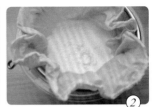

① 將全脂牛奶放入小湯鍋，加熱至鍋緣冒泡後，加入檸檬汁、鹽巴‧攪拌到乳清‧乳脂分離後再熄火。

② 在玻璃碗上面放過濾網與過濾布，倒入步驟 1 的食材，擠乾水分就完成水牛起司。

③ 把過濾布上的水牛起司放在保鮮膜內塑形成長條，兩側用扭轉方式收口。

吐司製作

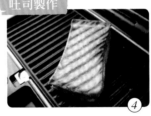 

④ 將吐司對切，單面塗上有鹽奶油，把二片沒抹奶油的吐司面重疊，抹奶油的吐司面朝向加熱鐵板，並熱壓 4 分鐘。

⑤ 完成後，取一片吐司依序放入番茄片、切片水牛起司、九層塔，並撒上橄欖油、羅勒鹽即可上桌。

美味 Tips

‧ 在吐司表層抹上一層奶油再熱壓，就能讓奶油的香氣停留在吐司上，口感會更酥脆。

32

泰式炸蝦排三明治

吐司 + 高麗菜絲 +
炸蝦排,
爽脆香酥超豐富!

利用蝦排與泰式甜醬,就能快速完成日式人氣三明治,
不用加熱吐司,直接放入炸蝦排與高麗菜絲,
酸酸甜甜的滋味,口感豐富又沒有負擔。

 20 min

〔食材・1 人份〕

薄片吐司 2 片
解凍炸蝦排 1 個
高麗菜絲 50g
泰式甜辣醬 2 小匙

〔使用工具〕

平底鍋
氣炸鍋

小叮嚀

・ 沒有氣炸鍋，也可以
  使用烤箱。
・ 家裡就有的飯碗，就能
  固定住三明治內餡。

餡料製作

① 用刨絲器沿著高麗菜外緣刨下絲狀，沖洗後泡
  冰水 5 分鐘，瀝乾備用。

② 平底鍋加入少量的植物油（分量外），開中小
  火加熱至鍋底冒小泡泡後，放入解凍的炸蝦
  排，將兩面煎炸至金黃色。

③ 將氣炸鍋調至 200 度預熱 3 分鐘，放入煎至金
  黃色的炸蝦排再氣炸 2 分鐘。

④ 把炸好的蝦排一面沾上泰式甜辣醬。

吐司製作

⑤ 取一片吐司放上高麗菜絲，吐司邊緣與高麗菜
  絲之間保留 1 公分的距離，接著放上步驟 4 沾
  有甜辣醬的炸蝦排，並蓋上另一片吐司。

⑥ 利用飯碗（直徑約 11cm）按壓住做好的三明
  治吐司（約 1 分鐘），接著用水果刀切下飯碗
  外緣的吐司。

⑦ 用保鮮膜把圓形三明治包起來再對切即完成。

美味 Tips

・ 減少吐司在空氣中的時間，才能保持濕潤感，於塑形的過程中不會太乾而炸裂。
・ 用保鮮膜固定住餡料，更方便吃！

33

三種起司披薩吐司

多汁的新鮮番茄，搭配濃厚起司做成的披薩吐司，

烘烤後加上帶有胡椒辛辣感的芝麻葉，

和原味軟質乾酪，餐點精緻，更有微奢華感。

15 min

〔食材·1 人份〕

厚片吐司 1 片

雙色起司絲 50g

軟質原味乾酪 1 塊（約 17g）

牛番茄 1 個

芝麻葉 1 束（約 5g）

研磨黑胡椒適量

番茄吐司抹醬

　番茄醬 1 小匙

　鹽巴 1 小撮

　義式綜合香料 1 小撮

〔使用工具〕

烤箱

小叮嚀

· 酸度較低的番茄醬，
　可當做披薩醬使用。

· 烘烤過程中用錫箔紙
　包住吐司，可以先把
　吐司底部烤酥脆、更
　能防止在長時間烘烤
　時底部過焦。

餡料製作

①

②

③

① 先將番茄醬、鹽巴、香料混合，並在厚片吐司
　上塗番茄抹醬。

② 接著在吐司上均勻放入雙色起司絲。

③ 將牛番茄切成 4 片，並堆疊排列在起司絲上。

吐司製作

④

④ 將吐司放入烤箱中以 180 度烘烤 5 分鐘後取
　出，用錫箔紙包住吐司底部，放進烤箱繼續烘
　烤 5 分鐘。

⑤ 完成後放上芝麻葉、剝成塊的軟質原味乾酪、
　研磨黑胡椒。

美味 Tips

· 切片後的番茄，
　可以擺放在紙巾
　上去除多餘的水
　分再使用。

34

番茄鯖魚京都水菜吐司

把厚片吐司當作口袋，
裝入任何想吃的美味。

口感爽脆的京都水菜，
清拌現成番茄鯖魚罐頭的簡單組合，
適合夏天露營時，不需要開火就可以完成的早餐。

 5 min

〔食材·1～2 人份〕

厚片吐司 1 片

番茄鯖魚罐頭 70g

京都水菜 1 把（約 30g）

調味

橄欖油 1 小匙

羅勒萬用調味鹽 1 小撮

小叮嚀

把厚片吐司對切後，從中間切開成口袋狀，就可以放入任何配料。

餡料製作

① 將京都水菜洗淨、瀝乾、切段，加入橄欖油、羅勒鹽攪拌均勻備用。

② 將番茄鯖魚罐頭的魚肉放入玻璃碗中，並用叉子搗碎。

吐司製作

 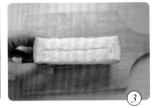

③ 接著把厚片吐司切對半，並從吐司中間切一刀，但不切斷。

④ 在吐司切開的洞口放入京都水菜、魚肉。

美味 Tips

· 京都水菜拌上橄欖油能去除澀味與增加爽口度。

95

35

白醬培根棺材板吐司

台南特色小吃在花蓮夜市被發揚光大，
吐司中間放入有配料的濃稠醬汁，酥脆爽口。
吐司不用油炸，直接塗上奶油烘烤，乾爽又酥脆。

濃濃的白醬培根，
用牛奶和起司片
就可以快速入味。

0:00 10 min

〔食材‧1人份〕

全麥厚片吐司 1 片

洋蔥 1/4 個（切丁）

培根丁 40g

無鹽奶油 5g

吐司抹醬

　有鹽奶油 1 大匙

調味料

　全脂牛奶 50c.c.

　起司片 1 片

　香料羅勒鹽 1 小撮

〔使用工具〕

平底鍋

烤箱

小叮嚀

‧ 棺材板吐司改良版的
　作法：在吐司上直接塗
　抹有鹽奶油再烘烤，省
　去油炸的步驟，表層更
　乾爽香脆。

‧ 在吐司劃上切紋再烘
　烤，切開紋路處會更
　酥脆。

餡料製作

① 在平底鍋放入無鹽奶油與洋蔥丁，把洋蔥炒軟
　（約 2 分鐘），接著加入培根丁繼續加熱 2 分
　鐘，倒入牛奶、起司片、羅勒鹽再煮 1 分鐘即
　熄火備用。

吐司製作

② 在全麥吐司表面上用刀子切成ㄇ字型（吐司邊
　與ㄇ字型之間保留 0.5 公分的距離），但不切
　斷。

③ 接著在ㄇ字型吐司上塗抹奶油，放入小烤箱中
　以 180 度烘烤 4 分鐘至呈現金黃色

④ 吐司取出後放在烤網上散熱，用水果刀將吐司
　ㄇ型處平行劃開成一個蓋子，切開後吐司會自
　然形成容器。

⑤ 把吐司上蓋未切開處完全切斷，放入步驟 1 的
　白醬培根，蓋上吐司蓋即完成。

──── 美味 Tips ────

‧ 步驟 1 的白醬培根冷卻後會凝固，再次開小火
　加熱 1 分鐘就可以恢復濃稠狀。

97

36

韓式鐵板吐司

充滿奶油香氣，
與大分量蔬菜的滿足感。

首爾路邊餐車最有人氣的早餐吐司！
用奶油煎烤，加入雞蛋蔬菜煎餅、火腿片與高麗菜絲，
營養又有飽足感，是到首爾旅遊必吃的美食。

 15 min

〔食材・1人份〕

薄吐司 2 片

三明治火腿片 1 片

高麗菜絲 50g

起司片 1 片

蔬菜煎蛋餡料

雞蛋 1 個

高麗菜絲 50g

小黃瓜絲 20g

紅蘿蔔絲 10g

洋蔥絲 20g

蔥末 5g

鹽巴 1g

吐司抹醬 1

番茄醬 1 小匙

美乃滋 1 小匙

吐司抹醬 2

番茄醬 1/2 小匙

細白糖 1g

〔使用工具〕

電烤盤

小叮嚀

・電烤盤的面積較大，可同時加熱2片吐司。

・利用刨絲器把蔬菜刨絲，可以縮短蔬菜煎蛋加熱的時間。

餡料製作

③

④

① 將電烤盤用小火加熱，在烤盤上均勻塗抹無鹽奶油（分量外）。

② 放入二片薄吐司煎烤至兩面呈現金黃色，取出放在烤架上散熱。

③ 取小碗，放入蔬菜煎蛋餡料，並充分攪勻。

④ 將蔬菜煎蛋餡料放入電烤盤上整形成吐司大小慢煎，接著把三明治火腿片放在旁邊，兩面加熱後先取出。

吐司製作

⑤

⑥

⑤ 將蔬菜煎蛋翻面後，在電烤盤上放入一片已煎烤完成的吐司，並塗抹番茄醬和美乃滋。

⑥ 接著放入加熱後的火腿片、蔬菜煎蛋、高麗菜絲，最後淋上番茄醬、撒入細砂糖。

⑦ 再來將另一片吐司放回電烤盤上，加入起司片，並把二片吐司合起來就可上桌。

美味 Tips

・高麗菜絲是蔬菜煎蛋基本的材料，也可使用其他的蔬菜任意變化。

37

花生醬雲朵厚片吐司

用蛋白打發做成蛋白霜，放在塗滿花生醬的厚片吐司上，
再加入蛋黃一起烘烤，經過加熱的蛋白霜成了可愛的小雲朵，
半熟的蛋黃切開像爆發的小火山。

療癒系的雲朵吐司，
是澳門茶餐廳的
打卡美食。

15 min

〔食材・1 人份〕

厚片全麥吐司 1 片

顆粒花生醬 2 小匙

雞蛋 1 個

〔使用工具〕

氣炸鍋

手持電動攪拌棒

小叮嚀

・吐司先切成九宮格，
　用手撕更方便吃。

・氣炸鍋加熱更能讓雞
　蛋快速熟透，也可以
　使用烤箱。

餡料製作

① 先將蛋黃和蛋白分離，把蛋白放入攪拌盆中，
　利用電動手持攪拌器攪拌 3 ～ 5 分鐘至蛋白起
　泡，舉起攪拌器蛋白不掉落的程度就可以了。

吐司製作

② 將吐司切成九宮格，並塗抹上顆粒花生醬。

③ 放上打發的蛋白，在蛋白中間用湯匙按壓出一
　個凹洞，於凹洞處放入蛋黃。

④ 將雲朵吐司放入氣炸鍋內，以 180 度氣炸 8 分
　鐘就完成囉。

美味 Tips

・雲朵吐司不用調味，切開後可以和花生厚片吐司一起吃。

38

熱壓起司吐司炒野菇

將熱壓吐司和炒野菇分開，可品嚐到食材原味。

香濃的 mozzarella 起司和有鹽奶油的簡單風味，
把奶油抹在吐司表層再熱壓，奶油與起司香氣更濃郁，
搭配清爽的炒野菇，可以當作早午餐開啟美好的一天。

 10 min

〔食材・1 人份〕

薄片吐司 2 片

mozzarella 起司 3 片

乾綜合野菇（柳川菇、杏鮑菇、蘑菇）150g

吐司抹醬

　有鹽奶油 10g

調味 1

　牛肝蕈菇 2.5g

　熱水 25c.c.

調味 2

　橄欖油 1 小匙

　羅勒調味鹽 1 小匙

　巴薩米克醋 1 小匙

〔使用工具〕

多功能鬆餅機、烤盤

20cm 平底鍋

小叮嚀

起司用對摺方式堆疊，中間的起司比較厚，加熱後從中間切開，就會如起司瀑布般流出。

餡料製作

②

① 先將牛肝蕈菇放入熱水中浸泡備用。

② 在平底鍋中放入綜合野菇，開小火炒出香味後，加入已浸泡過的牛肝蕈菇炒 1 分鐘，再倒入泡牛肝蕈菇的水繼續炒至水分收乾，接著撒上橄欖油、羅勒鹽、巴薩米克醋拌炒，起鍋備用。

吐司製作

③

④

③ 將二片薄片吐司單面各抹上有鹽奶油，其中一片吐司放上二片 mozzarella 起司片，另一片起司片對摺，並放在二片起司片的中間。接著將另一片吐司抹有奶油那面朝上，與有起司片的吐司合起來。

④ 將多功能鬆餅機預熱後，放入吐司，蓋上機蓋並加熱 4 分鐘。

⑤ 取出後從吐司中間切開，並放入綜合野菇一起盛盤上桌。

美味 Tips

・牛肝蕈菇簡單沖洗後，泡在熱水中5分鐘再使用，可以提升炒野菇的香氣。

・把野菇炒出香味再加入調味，可以讓野菇的風味更加濃郁，並鎖住水分。

39

咖椰吐司

新加坡的特色早餐，
有椰香的抹醬和冰奶油，滑順又香甜的滋味，
很適合當地四季炎熱的天氣。

南洋風的椰醬，
加入冰涼的奶油。

0:00　150 min

〔食材・1 人份〕

全麥吐司 2 片

冰無鹽奶油 20g

咖椰醬
　椰漿 100g
　椰糖 20g
　生鴨蛋 1 個（約 55g）

〔使用工具〕

烤箱

平底鍋

小叮嚀

利用平底鍋隔水加熱，受熱的面積較大且快速，只要放一張錫箔紙隔絕，就不會傷害鍋身塗層。

餡料製作

① 將椰漿、椰糖放入小湯鍋中，放置爐火上加熱至椰糖融化後熄火。

② 取一玻璃碗打入生鴨蛋拌勻後，加入步驟 1 的咖椰醬，並快速攪拌均勻。

③ 準備平底鍋並鋪上一張錫箔紙，加入150c.c.的水（分量外），放上步驟 2 的玻璃碗，開小火隔水加熱煮 15 分鐘至咖椰醬呈現濃稠狀。

④ 將步驟 3 濃稠的咖椰醬用濾網過濾一次，放涼後送進冰箱冷藏 2 小時。

⑤ 將冰無鹽奶油切成 4 塊，並依序平放在保鮮膜上，接著將奶油包起來，再用擀麵棍擀開（奶油厚度約 0.3 公分），放入冷凍庫 10 分鐘。

吐司製作

⑥ 把全麥吐司放入烤箱中烘烤至金黃色，取出後抹上咖椰醬，並放入整形後的冰奶油。

美味 Tips

・煮好的抹醬經過濾，風味會更滑順。

40

香料火腿起司吐司

吐司夾著起司和火腿，好像在吃披薩！

起司火腿三明治沾裹雞蛋液和麵包粉，半煎炸後外皮香酥，
香濃的起司與火腿，層層堆疊很有豐富感，乾爽沒有負擔，
是手拿就能直接吃的義式小點心，yummy！

 10 min

〔食材 · 1 人份〕

去邊薄吐司 2 片

日清油菜籽油 30c.c.

吐司餡料1

　火腿片 2 片

　起司片 2 片

　日式美乃滋 2 小匙

　義式綜合香料 1/2 小匙

吐司沾料2

　雞蛋 1 個

　牛奶 10c.c.

　麵包粉 50g

配菜

　綜合生菜 10g

　小番茄 1 個

　帕馬森乾酪絲 5g

　義式綜合香料 1/2 小匙

〔使用工具〕

20cm 平底鍋

吐司製作

① 在二片薄吐司其中一面均勻塗抹美乃滋，層疊吐司餡料：火腿片、起司片、義式香料，共堆疊兩次後，蓋上另一片吐司（抹醬面朝向食材）。

② 取一調理器皿，打入雞蛋、放入牛奶攪拌並過濾，將吐司沾裹牛奶蛋液後，把吐司兩面、四側再沾滿麵包粉。

③ 在平底鍋加入 30c.c. 植物油（分量外），把沾上麵包粉的吐司放入預熱的油炸平底鍋中，每面各油炸 1 分鐘。

④ 吐司取出後用吸油紙吸乾多餘的油分，切成 4 等分盛盤上桌。

小叮嚀

· 蛋液加入牛奶可以增加沾料的分量，經過濾後，沾料更容易附著在吐司上。

· 用半煎炸的方式，可以減少炸油量的使用。另外油炸時，需用筷子、鍋鏟輔助，讓吐司的每面均勻受熱。

TRY OUR FLAVOR

Part 5

輕食水果系列

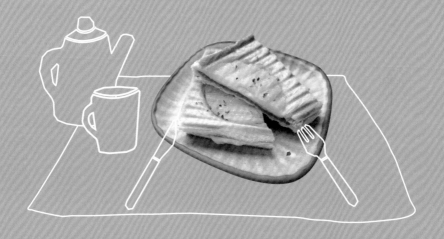

充滿水分又多汁的水果，和剛買回來的吐司最適合做水果鮮奶油三明治，香軟的綿密口感，是日式作法；經過加熱的甜吐司與肉桂蘋果、鳳梨也非常搭，還可以做成豐富的水果蔬菜串吐司，嘴饞的時候，最適合來一份墊墊胃。

41

水果優格沙拉吐司

一片吐司就能做的簡單早餐，
不用模具的夾餡沙拉吐司，
用小碗或馬克杯蓋住餡料就可以取下吐司邊。

奶油乳酪抹醬
加上季節水果，
清爽沒有負擔。

10 min

〔食材·1 人份〕

薄片吐司 1 片

奶油乳酪優格抹醬 30g（作法參考 P.24）

草莓 2 個（切片）

奇異果 1 片（切丁，約 10g）

〔使用工具〕

湯匙

飯碗

小叮嚀

含水量高的水蜜桃、鳳梨、橘子或口感香軟的香蕉等水果，都很適合當作夾餡。

 吐司製作

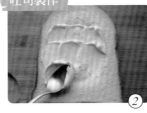 ②
 ③
 ④
 ⑤
 ⑤
 ⑤

① 在吐司的中間用湯匙壓出一個凹洞，吐司邊與凹洞之間保留 1 ～ 1.5 公分的距離。

② 利用湯匙的背面塗抹 2/3 奶油乳酪優格抹醬在吐司凹洞上。

③ 先將草莓切片放在吐司的中間，在草莓的上下位置排列奇異果丁。

④ 在奇異果與草莓的接縫處放入奶油乳酪優格抹醬。

⑤ 將吐司從下往上對摺，用飯碗蓋住有餡料的地方，把碗左右扭轉數次取下吐司皮。

⑥ 將有內餡的吐司對切成 2 份盛盤。

—— 美味 Tips ——

· 先把水果切片、切丁，減少吐司接觸空氣的時間，才能保持鬆軟。

42

香料海鮮蔬菜吐司串

適合派對的小點心。

把吐司串起來吃，中間夾了香料蔬菜、蝦仁，
只用橄欖油和香料鹽簡單調味，
美味的開胃前菜增加了豐富感。

 15 min

〔食材・1～2 人份〕

厚片白吐司 1 片

白蝦仁 4 尾

櫛瓜半根

彩椒半顆

牛番茄片 1 顆

切塊鳳梨 1 片

吐司抹醬

　有鹽奶油 2 小匙

　羅勒調味鹽 1 小撮

蔬菜調味

　橄欖油 2 小匙

　羅勒調味鹽 1/2 小匙

〔使用工具〕

氣炸鍋

小烤箱

小叮嚀

在串食材時可以利用叉子輔助，就能把牙籤上的食材往上推。

餡料製作

① 將白蝦從背部剖開取出腸泥，加入 1 小撮鹽巴（分量外）混合均勻。接著把鳳梨片切成 6 等分，櫛瓜切塊，牛番茄、彩椒去籽後切片備用。

② 把步驟 1 的蔬菜放入不沾烘烤容器中，加入橄欖油、羅勒鹽調味混合均勻。

③ 將調味好的蔬菜放入氣炸鍋，以 180 度氣炸 4 分鐘。

吐司製作

④ 將厚片白吐司去邊，並切成井字分成 9 等分，在吐司表面塗抹有鹽奶油後，再撒上羅勒鹽。

⑤ 將切塊的吐司放入氣炸鍋中，與步驟 3 的蔬菜一起繼續再氣炸 4 分鐘。

⑥ 吐司烤色如果想更酥脆，可以用小烤箱以 180 度再烘烤 2 分鐘至金黃色。

⑦ 把吐司塊從中間橫切開成二半，用竹籤串上烤色較深的上半部，再串上烤熟的蔬菜、蝦仁。

⑧ 最後再放上小塊吐司的另一半固定即完成。

美味 Tips

・牛番茄先切成4等分，去除中間的籽，保留皮與果肉，能減少料理中多餘的水分。

43

奶油肉桂蘋果丹麥吐司

用奶油慢煮的肉桂蘋果，放在丹麥吐司上，
吃起來如蘋果派般的鬆軟感，
加上一球香草冰淇淋，是酸酸甜甜的大人滋味。

切成薄片的蘋果，
充滿奶油肉桂的醬香。

30 min

〔食材 · 1 人份〕

丹麥吐司 1 片

蘋果 1 個（150g）

無鹽奶油 5g

黑糖粉 30g

肉桂粉 2g

鹽巴 1 小撮

〔使用工具〕

16cm 小湯鍋

小叮嚀

選擇平底的不沾湯鍋，煮奶油肉桂蘋果醬時就不會黏鍋，讓蘋果完全浸泡在醬汁中。

餡料製作

① 將蘋果削皮、去籽，對切 4 等分再對切 2 次，分成 16 片（厚度約 0.5cm ／片），泡在鹽水中（分量外）5 分鐘後瀝乾備用。

② 取一小湯鍋，放入瀝乾的蘋果片、黑糖粉、肉桂粉、鹽巴混合均勻，並靜置 15 分鐘。

③ 把靜置後的步驟 2 湯鍋放到爐火上，加入無鹽奶油攪勻，開小火慢煮 15 分鐘，煮至醬汁濃稠就熄火。

④ 煮好的肉桂蘋果醬攤平在不鏽鋼盤上散熱放涼後，取一片丹麥吐司依序放上肉桂蘋果。

美味 Tips

· 煮奶油肉桂蘋果醬時，每隔5分鐘需翻動一次蘋果片，可以讓蘋果更入味。

· 不需要厲害的刀功，讓蘋果保留一點厚度，口感會更好。

· 蘋果片擺放在吐司上的技巧，平均上下各一排，每一口都有料。

· 夏天可以放一球香草冰淇淋，馬上變身成華麗的下午茶。

44

水果珠寶盒奶油蜜糖吐司

用水果搭配
奶油糖霜吐司的
甜蜜滋味。

香甜又酥脆的奶油糖霜吐司，
利用甜菜糖取代白糖，加熱後甜味更溫潤，
放上季節水果丁，立刻展開下午茶的時光。

10 min

〔食材‧1 人份〕

厚片白吐司 1 片

香草冰淇淋 2 球

吐司抹醬

　有鹽奶油 2 小匙

　甜菜糖 2 小匙

裝飾

　葡萄柚果粒半顆

　奇異果半顆

　芒果 1/3 顆

　香蕉半根

〔使用工具〕

小烤箱

美味 Tips

香蕉切開後，可以放入鹽水中（鹽巴1小撮、開水100c.c.）再撈起，能減緩香蕉接觸空氣後氧化。

吐司製作

① 將厚片白吐司分割成井字，去除吐司邊後，再切開成 9 等分，在吐司塊表層塗上有鹽奶油。

② 將甜菜糖放在保鮮盒中，把每一塊塗抹奶油的吐司塊沾上甜菜糖。

③ 接著將吐司塊，以及準備一小碟的水放入小烤箱中，以 180 度烘烤 3～4 分鐘至呈現金黃色，完成後取出放涼。

④ 將裝飾水果切丁，放在紙巾上去除水分。

⑤ 將步驟3的吐司塊與水果丁盛盤，最後加上冰淇淋，增加美味。

小叮嚀

‧ 水果事先切好，放在紙巾上去除水分，裝飾時可以固定住水果的位置。

‧ 將葡萄柚去頭去尾，橫放從中間切開，再從果肉處切下一刀，從中心處剝開，就能讓每片果肉與果皮分離。或是運用小湯匙背面放在葡萄柚果肉和果皮的銜接處，將湯匙往上就能讓果肉與纖維分開。

45

糖漬葡萄柚奶油慢煎吐司

用氣炸鍋短時間內就能做糖漬水果片，
把吐司沾上葡萄柚汁再用焦糖奶油慢煎，
充滿水果風味的煎烤吐司，是最甜蜜的下午茶。

香脆的焦糖香柚片
和吸滿葡萄柚汁的
奶油吐司。

0:00 30 min

〔食材・1 人份〕

切邊薄片吐司 1 片

白糖 2 大匙

開水 1 小匙

葡萄柚 1 個

無鹽奶油 2 小匙

裝飾

　蜂蜜 1 小匙

〔使用工具〕

氣炸鍋

平底鍋

小叮嚀

· 用焦糖蜜過的葡萄柚
　片，以氣炸鍋低溫加
　熱，短時間內也可以
　烤乾。

· 烘烤葡萄柚片的時
　間，可以同時用平底
　鍋煎烤吐司。

美味 Tips

· 用低溫烘烤的糖漬葡萄
　柚片，放涼後會脆脆、
　甜甜的，特別香。

餡料製作

① 將葡萄柚洗乾淨後用紙巾擦乾，用牙籤在葡萄
　柚的表層均勻戳洞。

② 將葡萄柚放到小湯鍋中，加水開火，煮的時候
　用湯匙翻動葡萄柚，煮滾後繼續煮 5 分鐘再熄
　火，取出放涼。

③ 把葡萄柚切對半，其中一半切成片，另一半用
　榨汁器榨出葡萄柚汁。

④ 接著在平底鍋內放入白糖和水，慢慢煮至焦糖
　色（約 10 ～ 12 分鐘）後熄火，放入切片的葡
　萄柚片，二面都沾上焦糖後取出。

吐司製作

⑤ 把切邊的吐司切對半，沾上葡萄柚汁，放入煮
　焦糖的鍋子中繼續用中小火加熱。

⑥ 接著放入無鹽奶油慢慢煎烤吐司至金黃色（約
　5 分鐘）再取出。

⑦ 在氣炸鍋內放入一張烘焙紙，把步驟 4 葡萄柚
　片均勻地擺上去，以 175 度氣炸 13 ～ 15 分鐘，
　取出後放涼 (烘烤至 13 分鐘時，打開氣炸鍋
　觀察烤色，增加或減少烘烤的時間)。

⑧ 最後把葡萄柚片放在煎烤後的吐司上。

46

花生培根香蕉吐司

充滿奶油香的
花生醬吐司，
邪惡的組合讓人驚喜。

用奶油慢煎，抹上花生醬，加入脆培根和新鮮香蕉，
看起來有點衝突的組合，卻意外美味超搭，
是美式餐廳最有人氣的貓王三明治。

 10 min

〔食材・1 人份〕

厚片吐司 1 片

厚培根 1 片（約 50g）

新鮮香蕉半根

帶顆粒花生醬 1 大匙（約 15g）

吐司抹醬

　有鹽奶油 10g

配料

　現刨帕馬森乾酪絲 2g

　新鮮巴西里碎末 0.5g

〔使用工具〕

保鮮膜

手持攪拌器

小叮嚀

・乾煎的培根逼出油脂後，用紙巾擦拭平底鍋，可防止培根過焦。

・將培根切小塊放到吐司上，每口都吃得到配料。

餡料製作

① 在平底鍋內放入培根，開小火乾煎至焦脆後取出備用。

吐司製作

② 用紙巾把平底鍋的油擦乾，厚片吐司單面抹上奶油，放入鍋內加熱兩面至金黃色，完成後取出放涼。

③ 吐司有塗抹醬料的那一面再抹上帶顆粒花生醬，將香蕉去皮後切半放上去。

④ 把培根切塊，擺在香蕉上，加入帕馬森乾酪絲、巴西里碎末即完成。

美味 Tips

・煎完培根的平底鍋用紙巾擦拭後，可以直接加熱吐司。

・可以淋上蜂蜜或楓糖漿一起吃，是貓王三明治的經典組合。

水果鮮奶油三明治

把水果放到吐司中,組合豐富的水果鮮奶油三明治,

只要一點點鮮奶油,就能把水果固定住,

送進冷藏冰一下會更好吃喔。

充滿水分又多汁,
還有甜甜的幸福感。

0:00 150 min

〔食材 · 1 人份〕

動物性鮮奶油 100c.c.

白糖 10g

新鮮白吐司 2 片

葡萄柚半個

柳丁半個

香蕉半根

奇異果半顆

〔使用工具〕

保鮮膜

手持攪拌器

小叮嚀

夏天打發鮮奶油時，可以隔著冰水，降低鮮奶油在打發的過程中油水分離。另外，把鮮奶油事先打發放在冷藏，就能加快製作的速度。

餡料製作

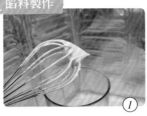

① 取一調理器，加入鮮奶油和白糖打至八分發，拿起攪拌棒鮮奶油呈現挺直的程度，並放入冰箱冷藏 1 小時。

② 將葡萄柚、柳丁去頭去尾，從中間剖開並取出果肉；將奇異果去皮後分成 3 等分，其中 1 等分再切成 4 小塊備用。

吐司製作

③ 將鮮奶油放在吐司中間，並往四邊塗抹均勻。另一片吐司以相同步驟進行。

④ 將香蕉去皮，放在吐司中間，上下吐司邊處先放奇異果固定，再加入葡萄柚和柳丁，最後把切小塊的奇異果放在四個角落，並蓋上另一片吐司。

⑤ 用保鮮膜將吐司包起來，收口時吐司與吐司的接縫處要拉緊，讓食材能緊密結合，放入冷藏冰 1 小時。

⑥ 吐司從冰箱取出後，去除吐司邊，再切對半。

美味 Tips

・用保鮮膜把吐司包起來，除了可以固定住餡料，放入冰箱冷藏時，水分也較不易流失。

48

香蕉肉桂黑糖奶油慢煎吐司

甜甜的肉桂黑糖吐司，
是大人的甜點。

吐司沾裹肉桂黑糖牛奶蛋液，用奶油慢煎，
甜甜的肉桂香，鬆軟又綿密，
加上香蕉、香草冰淇淋，滿滿的甜蜜滋味。

 15 min

〔食材‧1 人份〕

薄片白吐司 1 片

新鮮香蕉半根

無鹽奶油 10g

調味

雞蛋 1 個

牛奶 30c.c.

肉桂黑糖粉 1 小匙

肉桂黑糖粉

黑糖 50g

肉桂粉 1/2 小匙

裝飾

熟核桃 5g

香草冰淇淋 1 球

糖粉適量

法式焦糖醬 1 小匙（作法
參考 P.36）

〔使用工具〕

平底鍋

小叮嚀

牛奶蛋液可以加入可可
粉、肉桂粉、抹茶粉，
增加不同風味的變化。

吐司製作

① 取一玻璃碗，打入雞蛋，並放入牛奶、肉桂黑
　糖粉混合均勻備用。

② 將吐司去邊後再對切。

③ 把吐司放入烤皿中，倒入步驟 1 的牛奶蛋液均
　勻沾裹。

④ 在平底鍋放入無鹽奶油，用小火加熱融化，放
　入步驟 3 的吐司，並煎至兩面呈現金黃色。

⑤ 將香蕉去皮後切對半，沾裹剩下的牛奶蛋液。

⑥ 把香蕉一起放入平底鍋內煎至金黃色。

⑦ 吐司、香蕉盛盤後，加入香草冰淇淋、核果、
　焦糖醬，撒上糖粉。

美味 Tips

‧ 經過加熱的香蕉，更容易和吐司的味道融合在一起。

49

蜂蜜優格水果吐司

把新鮮水果放在剛買來的厚片吐司上，
加入蜂蜜優格醬，多汁的水果搭配香軟的吐司，
不會水果三明治也能這樣做。

用叉子取出吐司塊，
上面還有滿滿的水果
和優格果醬。

`0:00` 10 min

〔食材‧1 人份〕

厚片吐司 1 片

葡萄柚半顆

奇異果 1 顆

鳳梨 1 片

小番茄 2～3 顆

樹葡萄果醬 10g（可用藍莓果醬取代）

吐司抹醬

　希臘優格 45g

　蜂蜜 1/2 小匙

裝飾

　蜂蜜 1 小匙

小叮嚀

準備一個可過濾的容器，鋪上紙巾再放入 200g 的優格，排除優格內多餘的水分，就能製作希臘優格。

餡料製作

① 取一玻璃碗，放入希臘優格與蜂蜜混合拌勻。

② 將葡萄柚去頭、去尾，從中間切開後再切對半。

③ 把湯匙背面放在葡萄柚果肉和果皮的銜接處，將湯匙往上就能讓果肉與纖維分開。其他果肉以相同的作法處理。

④ 奇異果去皮，先切半，再切成片；鳳梨切 8 等分、小番茄切半，放在紙巾上去除水分。

⑤ 用刀子從厚片吐司的邊緣慢慢切但不切斷，接著橫切取出沒有吐司邊的白吐司，再切成井字型的小方塊。

吐司製作

⑥ 把吐司塊放回吐司盒內，並塗抹 1/3 的蜂蜜優格醬。

⑦ 在吐司塊表面隨意放上葡萄柚果肉和切片的奇異果。

⑧ 最後在水果的縫隙塞入鳳梨片，用小湯匙放入蜂蜜優格醬、樹葡萄果醬、對切小番茄，並淋上 1 小匙的蜂蜜醬。

50

夏威夷火腿吐司

加熱後的鳳梨
會降低甜度，
適合當吐司的配料。

用現成的食材組合的夏威夷火腿吐司，
是可以快速完成的吐司早餐，
新手也能輕鬆做！

 10 min

〔食材・1～2人份〕

切邊薄片白吐司 2 片

漢堡起司片 1 片

三明治火腿片 1 片

罐頭整片鳳梨片 1 片

日式美乃滋 1 大匙

有鹽奶油 2 小匙

〔使用工具〕

多功能鬆餅機

帕里尼烤盤

小叮嚀

選擇整塊的鳳梨片，吃的時候不易掉出吐司外，也不需要另外用烘焙紙包起來，手拿就可以直接吃。

吐司製作

① 把切邊白吐司均勻塗抹上日式美乃滋。

② 接著放入火腿片及起司片。

③ 蓋上另一片吐司，表面塗抹有鹽奶油，再放上鳳梨片。

④ 將吐司放入預熱好的烤盤內，熱壓 7～8 分鐘至呈現金黃色。

⑤ 取出吐司後斜切對半。

美味 Tips

・鳳梨片可以先放在紙巾上去除水分，減低烘烤時產生的水分而造成吐司濕軟。

・鳳梨片與吐司中間塗上奶油，可隔絕鳳梨片加熱後產生過多的水分在吐司上。

Part 6

人氣三明治系列

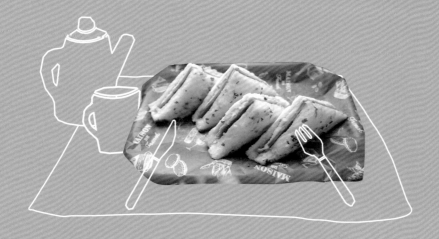

用吐司把食材包起來，切開三明治，從吐司的剖面會看到完整的餡料，充滿豐富配料的三明治，大口咬就很有滿足感，一口接著一口停不下來！

51

▸▸▸

肉鬆火腿起司方形吐司

把吐司熱壓，就能固定住內餡的配料，

吃的時候肉鬆不會一直掉出來，

加了火腿和起司片可以增加豐富感，超美味。

和吐司絕配的肉鬆，
是台灣國民美食。

0:00 10 min

〔食材‧1 人份〕

薄片白吐司 2 片

海苔肉鬆 20g

火腿片 1 片

起司片 2 片

吐司抹醬

　日式美乃滋 1 大匙

〔使用工具〕

多功能鬆餅機

方形吐司烤盤

────── 美味 Tips ──────

抹醬是夾餡三明治的黏著
劑，能讓食材緊密在一
起，更能添加風味，也可
以塗抹有鹽奶油或其他吐
司抹醬。

吐司製作

① 將日式美乃滋均勻抹在薄片白吐司上，放入一片
　 起司片，另一片起司片對摺放在正中間的位置。

② 接著加上火腿、肉鬆後，將吐司放進預熱過的多
　 功能鬆餅機中。

③ 將另一片有抹沙拉醬那一面的吐司蓋上去，用手
　 按壓讓食材更緊密。

④ 蓋上機蓋熱壓 4 分鐘。完成後取出吐司，用刀子
　 切掉多餘的吐司邊，再對切。

小叮嚀

‧ 使用多功能鬆餅機的方形吐司烤盤，要把配料集中在吐司的中間，經過熱壓後
　的吐司內餡就會固定在模型中。

‧ 把起司片堆疊在吐司的正中間層，熱壓後切開，就能讓融化的起司緩緩流出，
　看起來餡料更飽滿。

52

火腿歐姆蛋鐵板吐司

加了大量生菜，
清爽又有飽足感

吐司塗抹上有花生顆粒的花生醬，
夾了鬆軟的歐姆蛋、三明治火腿片和生菜，
口感豐富又很有營養。

 15 min

〔食材・1～2 人份〕

布里歐吐司 2 片

生菜適量

三明治火腿片 2 片

歐姆蛋

　雞蛋 2 個

　牛奶 20c.c.

　日式美乃滋 1/2 小匙

　鹽巴 1 小撮

吐司抹醬

　花生顆粒抹醬 1 大匙

　日式美乃滋 2 小匙

〔使用工具〕

20cm 平底鍋

小叮嚀

・平底鍋是烤吐司的好幫手。

・少量的美乃滋可以取代沙拉油，用來煎歐姆蛋。

・有大量配料的吐司內餡，用保鮮膜包起來就能固定，是初學者最適合的工具。

吐司製作

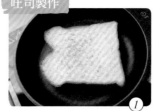

① 把布里歐吐司放在平底鍋中，用中小火加熱，二面烤至金黃色。

② 把二片吐司單面各抹上花生醬、日式美乃滋。

餡料製作

③ 將火腿片放入平底鍋中加熱後取出。

④ 取一玻璃碗，打入雞蛋，加入牛奶、日式美乃滋、鹽巴混合均勻。

⑤ 在平底鍋中加入 1 小匙的日式美乃滋（分量外），用中小火預熱後倒入步驟 4 的牛奶蛋液。

⑥ 用筷子從鍋緣順時針往內滑動，直到蛋液凝固即熄火，並取出歐姆蛋。

吐司製作

⑦ 在抹有日式美乃滋的吐司依序放入生菜、火腿片、歐姆蛋，並蓋上有花生抹醬的吐司。

⑧ 用保鮮膜把吐司包起來，二側收口，用刀子從吐司中間切開即完成。

美味 Tips

・把生菜剝成巴掌大，用冰水冰鎮再瀝乾，方便吃，也能增加爽脆度。

53

古早味雞排吐司

用五香粉醃製的古早味雞胸肉，
放入氣炸鍋只要 10 分鐘，鮮嫩不乾柴，
搭配爽脆的醃黃瓜，清爽不油膩，
每一口都有滿滿的肉香。

有鹽酥雞香氣，
一口接一口。

15 min

〔食材・1 人份〕

薄片白吐司 2 片

雞胸肉排 1 片（約 80g）

小黃瓜 1 根（約 80g）

片栗粉 10g

橄欖油 5c.c.

小黃瓜醃醬

白醋 30c.c.

白糖 30g

雞胸肉排醃醬

台式醬油 1 小匙

蠔油 1 小匙

味醂 2 小匙

五香粉 1g

吐司抹醬

日式美乃滋 1 大匙

〔使用工具〕

小烤箱

氣炸鍋

餡料製作

① 把雞胸肉切薄再切成 2 片，放入醃醬混合均勻，醃一個晚上入味；把小黃瓜刨成片後，放入 1/2 小匙鹽巴混勻，靜置 10 分鐘後，擠乾多餘的水分，放入小黃瓜醃醬中（雞胸肉和小黃瓜可前一天先做好）。

② 把醃製後的雞胸肉加入片栗粉抓均勻。

③ 倒入橄欖油混勻，讓肉排沾裹油脂。

④ 將雞胸肉放入氣炸鍋，以 180 度氣炸 10 分鐘。

吐司製作

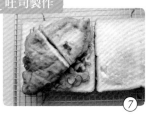

⑤ 把吐司放入小烤箱中，烘烤至金黃色後取出放在烤架上，其中一面塗抹美乃滋。

⑥ 接著把醃黃瓜的水分瀝乾，並放在吐司上。

⑦ 放入切半的雞胸肉排，蓋上另一片吐司，去除吐司邊後斜切成 4 等分。

美味 Tips

・用橄欖油包覆住雞胸肉，氣炸鍋加熱時就可以鎖住雞肉的水分，不會烤得過乾。

・美乃滋可以隔絕吐司與醃黃瓜的水分，吐司不會因此濕軟。

54

一顆地瓜的肉鬆蘋果小黃瓜吐司

加入一整顆地瓜，
有飽足感的
疊疊三明治。

把配料一層一層往上疊的網美吐司，
有豐富的肉鬆、蔬菜及地瓜，
很適合攜帶外出露營野餐。

 15 min

〔食材‧1～2人份〕

全麥薄片吐司 2 片

海苔肉鬆 20g

蘋果 1 顆

小黃瓜 1 根

冰心地瓜 1 顆（約 50g）

吐司抹醬

日式美乃滋 1 大匙

〔使用工具〕

保鮮膜

小叮嚀

· 用刨刀器可以讓每一片小黃瓜的薄度一致，更方便料理。

· 把小黃瓜刨成片後，加入鹽巴軟化，可以讓每一片小黃瓜緊密在一起，與其他食材更能結合。

餡料製作

① 把小黃瓜洗淨用紙巾擦乾，並刨成片狀，加入 1 小撮的鹽巴（分量外）混合均勻，放置 5 分鐘軟化後，用開水沖洗，擠乾水分備用。

② 將蘋果洗淨用紙巾擦乾，從蘋果正上方 1/3 處（避開果籽）往下切，另一半 1/3 處以同樣步驟處理。

③ 接著把蘋果切片，浸泡在鹽水中 1 分鐘，取出後放在紙巾上去除水分。

④ 將冰心地瓜切對半，用湯匙挖出地瓜泥，把挖出的地瓜泥集中成一份。

吐司製作

⑤

⑥

⑦

⑧

⑤ 把全麥吐司去邊，塗抹日式美乃滋，放入海苔肉鬆，再堆疊小黃瓜片。

⑥ 將蘋果片排成兩列放在小黃瓜上，兩列之間要有 1/3 重疊，可以防止蘋果片切開時滑落。

⑦ 接著把地瓜泥放在兩列蘋果重疊的地方。

⑧ 蓋上另一片吐司，用保鮮膜包起來，吃的時候切開或不切開直接吃。

美味 Tips

· 浸泡過鹽水的蘋果，不易變色，用保鮮膜包起來後可以減少接觸空氣氧化，要吃的時候再切開，能保有爽脆感。

55

起酥肉鬆火腿起司三明治

把三明治包進冷凍起酥片中，
包起來吃，外皮酥香的起酥片中間，
夾了沒有烘烤過的鬆軟吐司和豐富的內餡，
多層次口感令人驚艷！

把所有餡料放在一起，
感覺更厚實豐富。

20 min

〔食材・1 人份〕

薄片全麥吐司 1 片

冷凍起酥片 1 片

蛋液 5c.c.

吐司抹醬

　日式美乃滋 2 小匙

吐司夾餡

　海苔肉鬆 10g

　三明治火腿片 1 片

　起司片 1 片

〔使用工具〕

氣炸鍋

小叮嚀

· 在冷凍酥皮上戳洞，可
  以防止酥皮在烘烤時
  過度膨脹導致裂開。

· 夾餡可以換成果醬或
  任何熟食，比如：芋
  泥或地瓜泥。

吐司製作

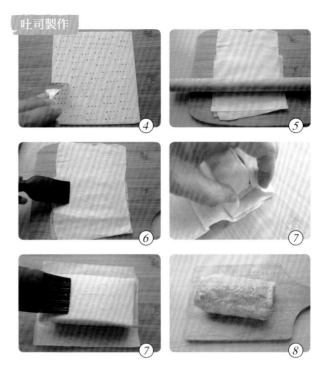

① 用刀子將吐司去邊後再對切。

② 在吐司上加入日式美乃滋，並塗抹均勻。

③ 依序放入肉鬆，對切後的起司片、火腿片，蓋
  上另一片抹有美乃滋的吐司。

④ 把冷凍起酥片放在室溫中解凍 5 分鐘，用叉子
  在起酥片上均勻戳孔。

⑤ 在起酥片上下皆放入防沾烘焙紙，用擀麵棍把
  酥皮往上往下擀開，長度延伸至 20 公分。

⑥ 在酥皮塗抹蛋液，放入步驟 3 的吐司，接著把
  吐司包進酥皮中。

⑦ 把側邊酥皮往內摺，收口朝下，表層塗抹剩下
  的蛋液。

⑧ 氣炸鍋以 180 度預熱 3 分鐘，放入酥皮吐司，
  繼續加熱 10 分鐘，完成後取出放涼。

美味 Tips

· 在冷凍酥皮烘烤前刷上蛋液，酥皮經過烘烤後會更酥香。

56

香料豬肉熱壓吐司

吐司變成了
香脆的薄餅！

把炒熟的香料肉片放進吐司中，
經過熱壓後的吐司變得焦脆、可口，
脆脆的吃，是西式三明治的經典作法。

 15 min

〔食材·1人份〕

全麥吐司 2 片

豬五花肉片 100g

牛奶起司片 1 片

日式美乃滋 1 大匙

調味醬

　蠔油 1 小匙

　魚露 1/2 小匙

　泰式打拋粉 1/2 小匙

〔使用工具〕

鬆餅機

多功能吐司烤盤

平底鍋

小叮嚀

· 把起司片對摺放在吐司中間，切開後剖面就可以看到食材。

· 多功能鬆餅機的厚度有限，經過一次壓扁的夾餡吐司放入機器熱壓時，不會因為食材過厚而造成機器斷裂。

餡料製作

① 在平底鍋加入 1/2 小匙的植物油（分量外），開中小火加熱後，放入豬肉片煎 2 分鐘。

② 將豬肉片翻面再煎 2 分鐘，放入泰式打拋粉。

③ 接著再加入蠔油拌炒，熄火後淋上魚露，完成後取出備用。

吐司製作

④ 在全麥吐司放入日式美乃滋塗抹均勻，並加入步驟 3 的豬肉片。

⑤ 將起司片對摺放在吐司的中間，並蓋上另一片吐司，用手把吐司往下壓扁些。

⑥ 把步驟 5 的吐司放入已預熱的多功能鬆餅機內，蓋上機蓋熱壓 4 分鐘。

⑦ 吐司取出後斜切對半即完成。

美味 Tips

· 熄火後再淋上魚露，可以讓魚露的香氣停留在食材上。

57

起司漢堡排三明治

偶爾不想吃漢堡麵包時，

可以用吐司夾漢堡排，方便又快速，

而且漢堡肉排放了起司片，味道更香濃。

吐司夾起司漢堡排、
生菜、新鮮番茄
更好吃！

0:00 15 min

〔食材・1 人份〕

薄片吐司 2 片

漢堡肉排 (作法參考 P.232)

漢堡起司片 2 片

生菜葉 10g

牛番茄 1 顆

吐司抹醬

　有鹽奶油 1 大匙

　法式芥末子醬 1/2 小匙

───────────────

〔使用工具〕

小烤箱

吐司製作

① 先將漢堡肉排煎熟備用。

② 把煎熟的漢堡排放入不沾鍋中，放上二片起司片，和吐司、一小碟的水一起送進小烤箱中，以 180 度烘烤 4 分鐘。

③ 將牛番茄洗淨後擦乾，切成片狀，放在紙巾上去除水分。

④ 烘烤後的吐司放在烤架上散熱，塗抹有鹽奶油、法式芥末子醬。

⑤ 在其中一片吐司放上生菜葉、番茄片，最後再加入起司漢堡排。

小叮嚀

準備一個可以加熱的烤皿放起司漢堡排，就能和吐司同時烘烤，節省時間。主要是讓起司融化，漢堡排需要先煎熟喔！

58

韓式火腿起司吐司

首爾咖啡館熱賣的
早餐吐司。

吐司加入甜甜的香蒜奶油抹醬再烘烤，
夾餡是火腿、起司片，鹹甜香美乃滋放涼了也很好吃，
適合野餐派對時準備的簡單輕食。

 15 min

〔食材・1 人份〕

切邊薄片白吐司 2 片

牛奶起司片 1 片

三明治火腿片 1 片

起司絲 10g

奶油蜂蜜抹醬

　室溫軟化無鹽奶油 10g

　日式美乃滋 10g

　海鹽 0.5g

　蜂蜜 5g

　蒜泥 5g

　洋香菜葉 1g

番茄美乃滋抹醬

　日式美乃滋 10g

　番茄醬 10g

〔使用工具〕

小烤箱

小叮嚀

如果要切開，可以拿刀子以垂直方式往下切，三明治就不會變形。

吐司製作

① 先將奶油蜂蜜抹醬、番茄美乃滋抹醬分別混合均勻備用。

② 將切邊薄片白吐司二片各塗抹 1/3 的番茄美乃滋抹醬，接著放入起司片、火腿片，把二片吐司蓋起來。

③ 在蓋上的吐司上層、側邊均勻塗抹奶油蜂蜜抹醬，再撒上起司絲。

④ 將吐司、一小碟的水放入小烤箱中，以 180 度烘烤 10 分鐘至金黃色。

⑤ 吐司取出後放涼，斜切成 4 等分。

59

手撕起司培根吐司

加了滿滿起司的培根吐司，
連縫隙中都有香濃的起司味道，
是咖啡館超好評必點的下午茶鹹點心。

用手撕開吐司
就會牽絲喔！

0:00 20 min

〔食材·1 人份〕

厚片吐司 1 片

低脂培根 1 片

雙色乳酪絲 50g

辣味番茄麵醬 (可選擇不辣)1 大匙

有鹽奶油 2 小匙

〔使用工具〕

小烤箱

氣炸鍋

小叮嚀

在吐司的隙縫處放入有鹽奶油、起司絲,加熱時奶油隔絕了空氣,吐司可以保持鬆軟感,表層酥脆。

餡料製作

① 把低脂培根剪成 12 小塊,放入氣炸鍋內以 180 度氣炸 1 分鐘。

吐司製作

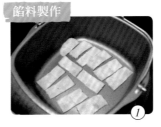

② 用刀子從厚片吐司由上往下切成井字,切深一些,但不切斷。

③ 在吐司表層及隙縫處均勻抹上有鹽奶油。

④ 在隙縫處用小湯匙加入一半的番茄醬,以及 2/3 的雙色乳酪絲。

⑤ 接著放入培根,最後把剩下一半的番茄醬放在吐司表層,再加入剩餘的雙色乳酪絲。

⑥ 把吐司放在折成盒狀的錫箔紙上,送進小烤箱中以 160 度烘烤 10 分鐘後,轉 200 度繼續加熱 3 分鐘。

美味 Tips

· 用平底鍋或氣炸鍋把培根先加熱後,再和吐司一起烘烤,可以讓培根風味更香。

· 培根和有鹽奶油均有鹹度,不需另外加鹽巴,可依照喜好再加黑胡椒增添風味。

60

舒肥香料雞胸烤蔬菜吐司

飽滿的蔬菜
和舒肥香料雞胸肉，
如天使般陽光組合。

用剛買回來的吐司，
直接夾舒肥香料雞胸肉、烤蔬菜做成三明治，
滿滿的蔬菜，沒有負擔，還可以吃到吐司酥軟的麥香。

 2.5 小時

〔食材・1～2 人份〕

全麥吐司 2 片

彩椒 2 個（約 150g）

雞胸肉 1 片（約 200g）

萵苣 2 片（約 50g）

烤蔬菜調味

　研磨海鹽 1g

　黑胡椒 0.5g

　橄欖油 1 小匙

雞胸肉調味

　蒙特婁口味雞肉調味料粉
　2 小匙

　橄欖油 1 大匙

吐司抹醬

軟質原味乾酪 1 塊（約 17.5g）

〔使用工具〕

電子鍋

氣炸鍋

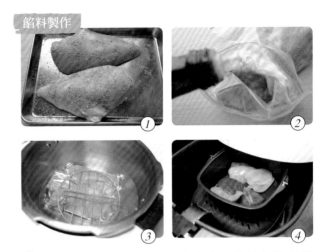

① 用紙巾按壓雞胸肉多餘的水分，並放在料理盤上，二面均勻撒上雞胸肉調味粉。

② 把雞肉放入耐熱保鮮袋中，並加入橄欖油揉捏均勻。

③ 在萬用內鍋加入 1000c.c. 的水（分量外），把耐熱保鮮袋泡入水中並排出空氣，再將保鮮袋封口，設定 65 度，加熱 2 小時，完成後取出放涼。

④ 將彩椒清洗乾淨、去籽後切成 4 片，放入氣炸鍋中，加入烤蔬菜調味，用筷子攪拌均勻，以 180 度氣炸 10～12 分鐘。

小叮嚀

．不需要再加熱的吐司，用保鮮膜包裝，好打包又方便攜帶。

．使用耐熱的保鮮袋烹調雞胸肉，料理前放在水中，可排除袋中多餘的空氣。

⑤ 把雞胸肉從耐熱保鮮袋中取出，放在紙巾上去除多餘的水分，接著放在熟食砧板上切成薄片備用。

⑥ 在二片全麥吐司的單面均勻抹上軟質原味乾酪，依序放入萵苣、烹調後的彩椒。

⑦ 最後堆疊雞胸肉片，蓋上另一片吐司，並用保鮮膜包起來，用刀子從中間切開盛盤。

美味 Tips

· 剛買回來的吐司，保水度高、口感濕潤，適合直接吃。

· 軟質原味乾酪風味濃厚可直接當吐司抹醬。

· 把調理好的雞胸肉先放在紙巾上，去除多餘的水分，可保持吐司的乾爽。

Part 7

開放式三明治

把食材直接堆疊在吐司上，可以直接看到食材與配料的開放式三明治，視覺感十足，適合做早午餐或正餐享用，是最有幸福感的肉肉三明治系列。

61

焦糖洋蔥起司牛肉吐司

充滿奶油香氣的布里歐吐司，
加了小火慢炒的洋蔥、油脂豐富的肉片與雙色起司，
不用多餘的調味，也能創造美味的高級感，
是歐洲街邊最熱門的餐車小吃。

用奶油炒出來的洋蔥，
帶有甜味與肉香。

0:00 30 min

〔食材‧1 人份〕

布里歐吐司 1 片（厚片）

美國牛霜降火鍋肉片 117g

洋蔥半個

有鹽奶油 1 大匙

雙色起司絲 30g

吐司抹醬

　有鹽奶油 1 小匙

〔使用工具〕

玉子燒鍋

20cm 平底鍋

21.8cm×25cm 烘焙紙

小叮嚀

沒有烤箱也能用玉子燒
鍋、平底鍋烘烤吐司。

餡料製作

① 將洋蔥切丁後放入平底鍋，加入有鹽奶油，用
　小火慢炒 10 ～ 15 分鐘至洋蔥焦化。

② 取出焦化的洋蔥，轉中火加入 1 小匙的橄欖油
　（分量外），放入切成 3 等分的肉片炒熟，再
　放回洋蔥拌炒均勻。

③ 加入雙色起司絲，蓋上鍋蓋煮 1 分鐘後熄火。

吐司製作

④ 準備玉子燒鍋，放入吐司片，開小火，加熱至
　金黃色後取出，並均勻抹上有鹽奶油。

⑤ 在吐司上放入洋蔥起司牛肉，將吐司稍微對折
　放在烘焙紙上。

⑥ 將上下烘焙紙各對摺 2 次，兩側如糖果捲般收
　口即完成。

美味 Tips

‧炒洋蔥時需要耐心，用耐熱刮刀不停翻炒使其均勻受熱，才不會過焦影響口感。

‧把肉片切成3等分，每口都有肉肉的滿足感。

‧用大量奶油的布里歐吐司，最適合這樣搭配。

62

泡菜豬肉法式吐司

充滿泡菜香的
雞蛋吐司，加了肉片
更有滿足感。

用奶油慢煎的吐司，是韓式法式吐司的作法，
雞蛋混合了爽脆的泡菜，利用泡菜的鹹味不用再調味，
煎過的吐司充滿了泡菜香很夠味。

 15 min

〔食材・1 人份〕

薄片吐司 1 片

梅花豬肉 2 片

雞蛋 1 個

泡菜 15g

牛奶 20c.c.

無鹽奶油 1 大匙

起司片 1 片

調味

　鹽巴 1 小撮

　胡椒粉 1 小撮

　韓國芝麻香油 1 小匙

〔使用工具〕

平底鍋

小叮嚀

豬肉加熱後，多餘的油脂用紙巾擦乾，肉片會更焦脆。

餡料製作

① 將薄片吐司去邊後，再對切成二片。

② 將泡菜剪成小段，放入玻璃碗中，加入雞蛋與牛奶打散均勻。

③ 先把梅花肉片和鹽巴、胡椒粉、韓國芝麻香油攪拌均勻，放入平底鍋將肉的兩面煎熟後取出備用。

吐司製作

④ 用紙巾將平底鍋底擦乾，加入無鹽奶油，再倒入步驟 2 的泡菜，放入吐司並二面沾裹蛋液。

⑤ 等待煎蛋凝固，用鍋鏟把凝固的煎蛋與吐司翻面，煎蛋上放入起司片，把吐司外的煎蛋往內處摺成相同大小，加入煎熟的豬肉片，吐司對摺就可以上桌囉。

美味 Tips

· 在蛋液中加入牛奶，可以增加蛋液的分量，口感更蓬鬆。

· 泡菜可以拿食物用剪刀剪成小塊，保留住泡菜汁。

63

德式香腸番茄肉醬吐司

以墨西哥肉醬為發想的德式香腸番茄肉醬吐司，
不只大人小孩都可以吃，加入爽脆的高麗菜絲，
利用一片吐司就能手拿著吃，超級豐富。

德式香腸
和番茄肉醬絕配！
包起來吃更有滿足感。

30 min

〔食材·1人份〕

薄片吐司 1 片

牛絞肉 180g（可做 2 份）

洋蔥末 1/4 個（約 50g）

高麗菜絲 20g

水煮德式香腸 1 條

調味

番茄糊 180g

番茄醬 1 大匙

日式中濃醬 1 大匙

月桂葉 1～2 片

義式香料調味鹽 1/2 小匙

開水 100c.c.

吐司抹醬

有鹽奶油 5g

配料

現刨帕馬森乾酪絲

新鮮巴西里碎末

〔使用工具〕

烤箱

18cm 小湯鍋

牙籤

小叮嚀

用牙籤固定吐司再烤，
只用一片吐司也可以放
入豐富的配料。

餡料製作

① 在小湯鍋中加入 2 小匙的橄欖油（分量外），
開中小火加熱，並放入牛絞肉。

② 先把牛絞肉底層煎焦香，翻面後再用鍋鏟把絞肉
分散炒熟後，加入洋蔥末繼續炒 2 分鐘至軟化。

③ 製作番茄肉醬：取一小碗，放入番茄糊、番茄
醬、日式中濃醬、月桂葉、義式香料調味鹽、
開水混合均勻後，加入湯鍋中繼續煮 15 分鐘。

吐司製作

④ 將吐司從中間對摺，吐司四個角用 2 支牙籤上
下固定。

⑤ 將步驟 4 的吐司，及一小碟水放入烤箱中，以
180 度烘烤 4 分鐘至焦黃。

⑥ 取出吐司並放在烤皿中，塗抹有鹽奶油，放入
高麗菜絲、水煮德式香腸，淋上番茄肉醬，撒
上帕馬森乾酪絲、巴西里碎末。

美味 Tips

· 清脆的高麗菜絲或生菜，可以讓吐司更爽口。

· 經過熬煮肉醬的過程，能讓絞肉與醬汁的味道
更融合。

64

水波蛋火腿佐奶油芥末子吐司

充滿活力的水波蛋，
搭配沙拉
與奶油芥末子，超讚。

把喜歡的配料堆疊在吐司上，
是開放式吐司其中一種作法，
可以直接看到食材，超有豐富感的早午餐。

 20 min

〔食材‧1～2 人份〕

厚片白吐司 1 片

雞蛋 1 個

火腿 1 片

白醋 10c.c.

鹽巴 1 小撮

裝飾

　綜合沙拉生菜葉 10g

　起司片 1 片

　帕馬森乾酪絲 5g

　清爽羅勒調味鹽 1 小撮

調味醬

　橄欖油 10c.c.

吐司抹醬

　無鹽奶油 15g

　法式芥末子醬 1/2 小匙

〔使用工具〕

小烤箱、小湯鍋、平底鍋

小叮嚀

白醋與鹽巴可以幫助蛋白凝結，讓蛋白在加熱時不會散開。

美味 Tips

法式芥末子醬帶有鹹度，可以提升風味。

餡料製作

① 取一小碗打入雞蛋備用。

② 準備一個湯鍋，加入 1000c.c. 的水（分量外）煮開後，轉中小火，放入白醋、鹽巴，用湯匙順時針攪拌形成漩渦，在漩渦中倒入步驟 1 雞蛋，煮 4 分鐘至蛋白凝固。

③ 取出水波蛋並放在紙巾上去除水分。

吐司製作

 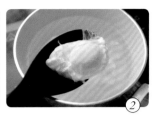

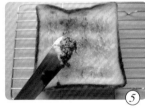 

③ 另外準備一個平底鍋，加入無鹽奶油加熱至融化後先熄火，接著放入厚片白吐司，二面均勻沾裹奶油，繼續煎至金黃色。若烤色不夠深，可用小烤箱再烘烤。

④ 在原平底鍋放入火腿片，二面各煎 1 分鐘。

⑤ 把吐司放在烤架散熱，並塗上法式芥末子醬。

⑥ 把步驟 5 的吐司放在食物盤上，加入生菜、起司片，撒入橄欖油、羅勒鹽。

⑦ 最後放入火腿片、水波蛋、帕馬森乾酪絲，再撒上羅勒鹽。

65

起司牛肉壽喜燒口袋吐司

厚片吐司從中間切開，就能當作口袋放入餡料，
用甜甜的壽喜燒醬和牛肉一起醬燒，
加入起司絲，大口咬滿滿的肉香，還會牽絲喔。

每一口都有
肉肉的滿足感。

0:00　15 min

〔食材‧1 人份〕

厚片白吐司 1 片

美國牛梅花肉片 150g

洋蔥絲 1/4 個

起司絲 30g

壽喜燒醬

　味醂 10c.c.

　日式醬油 10c.c.

　白糖 1 小匙

裝飾

　蔥花 3 ～ 5 個

〔使用工具〕

小烤箱

平底鍋

小叮嚀

‧ 經過微解凍的吐司比較硬，用刀子會更容易從中間切開。

‧ 做成口袋吐司，餡料不會掉出來，也可用L型烘焙紙包起來吃。

餡料製作

① 在平底鍋放入洋蔥絲，加入 2 小匙植物油（分量外），開中小火炒約 2 分鐘至軟化。

② 用料理筷子把平底鍋內的洋蔥撥到一旁，並在另一半邊均勻放入白糖。

③ 將牛肉片鋪在白糖上煎 1 分鐘，接著加入味醂、醬油再煮 30 秒。

④ 熄火後，把牛肉放到洋蔥上，再加入起司絲。

吐司製作

⑤ 用刀子將厚片吐司的中間切開，接著從上往下切至最底部，但不切斷。完成後放入小烤箱內烘烤 4 分鐘至金黃色。

⑥ 把烤至金黃色的厚片吐司，用手輕壓兩側，讓口袋處更大，但注意不要弄破了。

⑦ 接著放進炒熟的餡料，用 L 型烘焙紙（作法參考 P.174）包起來，並加入蔥花。

美味 Tips

‧ 熄火後把牛肉放在洋蔥上用餘溫加熱起司，牛肉不會過老，不需要過多的起司絲也會牽絲。

‧ 在平底鍋先放白糖再放肉片，可以讓白糖的甜味留在肉片上，和醬汁醬燒時會更入味。

66

明太子烤蛋香腸菠菜吐司

切下來的吐司蓋，沾著烤得半熟的黃蛋醬更好吃。

可以看到豐富餡料的三明治，
把吐司抹上明太子醬，疊起來加入雞蛋再烤，
搭配菠菜、德式香腸，美味看得見的絕妙組合。

 15 min

〔食材・1 人份〕

薄片吐司 2 片（厚度 1cm/片）

雞蛋 1 個

燙熟菠菜 1 把（約 50g）

德式香腸 1 條

明太子抹醬 1 大匙

裝飾

現刨帕馬森乾酪起司絲 1g

〔使用工具〕

圓形慕斯圈（直徑 7cm）

烤箱

小叮嚀

・可以使用有鹽奶油取代明太子抹醬。

・夏天可用小松菜取代菠菜。

吐司製作

① 把圓形慕斯圈放在其中一片吐司中間，從上往下壓，並左右扭轉取出切下的圓形吐司，在二片吐司與取下的吐司蓋塗抹明太子醬。

② 將壓洞的吐司沒塗抹醬的那一面，與另一片有塗抹醬那一面的吐司重疊。

③ 將步驟 2 的吐司放在可加熱的平底鍋內，在二片吐司重疊的圓形凹洞處打入雞蛋，接著與德式香腸、取下的圓形吐司蓋一起放入烤箱。

④ 烤箱設定 180 度 5 分鐘，烘烤至 2～3 分鐘後蓋上錫箔紙，時間到取出德式香腸，繼續蓋上錫箔紙再烘烤 6～7 分鐘至蛋白熟透。

⑤ 取出吐司後，放入切段煮熟的菠菜，刨上帕馬森乾酪起司絲，豐盛早午餐就完成囉。

美味 Tips

・雞蛋的熟度可以依照個人喜好而定，烤 15 分鐘會全熟。

・烘烤途中蓋上錫箔紙，可以防止吐司烤得太焦，而雞蛋未完全熟透的情況發生。

▶▶▶◀◀

67

軟質乾酪火腿吐司

用餅乾壓模就能做的派對吐司點心，
加上軟質乾酪、三明治火腿片，小巧可以一口吃，
夾餡也能換成果醬或起司片都很 OK。

可愛的吐司造型，
好看又好吃！

⏱ 10 min

〔食材・1 人份〕

薄片全麥吐司 2 片

軟質原味乾酪 4g

三明治火腿片 1 片

〔使用工具〕

方形三明治切割模具

櫻花餅乾模型

小叮嚀

・利用三明治切割模具，可以輕鬆掌握每片吐司塊的大小。二面用的模具，只要按壓塑形後再切割，就能切下吐司邊。

・製作餅乾的造型模具，可以讓三明治變得更可愛，看起來更可口喔！

吐司製作

②

③

⑤

⑥

⑦

⑧

① 先將三明治火腿片切成 4 等分備用。

② 把三明治切割模具塑形面放在吐司上，並按壓塑形。

③ 接著把三明治切割模具轉 90 度，再次在吐司上按壓塑形。

④ 吐司按壓後會呈現四個格子，並在格子裡分別放入軟質原味乾酪、三明治火腿片。

⑤ 用三明治切割模具把吐司塑形處切下成 4 等分備用。

⑥ 另一片吐司依照步驟 1 ～ 3 後，用櫻花餅乾模型在每一格吐司中間按壓，取出吐司花。

⑦ 用三明治切割模具將有櫻花造型的吐司分割成 4 等分，並去除吐司邊。

⑧ 把有櫻花造型的吐司放在步驟 4 的吐司上，左上角放吐司花，並用叉子固定。

68

乾咖哩肉醬焗烤吐司

每一口都有咖哩香。

把炒熟的乾咖哩肉醬放在厚片吐司上一起焗烤，
咖哩肉醬加上起司絲，乾爽沒有油膩感，
是大男生會喜歡的豪邁味道。

 20 min

〔食材・1 人份〕

厚片白吐司 1 片

豬瘦絞肉 90g

切碎咖哩塊 15g

mozzarella 起司絲 30g

開水 30c.c.

〔使用工具〕

小烤箱

平底鍋

小叮嚀

用起司絲上下覆蓋住乾
咖哩肉醬，吃的時候就
不會一直掉餡。

餡料製作

① 取一玻璃碗，放入豬瘦絞肉、開水、切碎咖哩
塊攪拌均勻，把水混合到絞肉中。

② 準備一個平底鍋，放入步驟 1 的絞肉後，開中
小火炒熟至收乾水分。

吐司製作

③ 在厚片吐司表面先撒上一半的起司絲，接著放
入炒熟的絞肉，最後再加上剩下的一半刨絲乾
酪。

④ 將吐司和一小碟的水放進小烤箱中，以 160 度
加熱 7 ～ 8 分鐘至起司變成金黃色。

――――――――――― 美味 Tips ―――――――――――

・把水和切碎的咖哩混合至絞肉中，可以快速入味。

69

橄欖油烤小番茄沙拉吐司

淋上橄欖油用低溫烘烤的小番茄，
香氣特別迷人，味道酸甜！
可以搭配麵包或義大利麵一起吃。

充滿橄欖油香氣的
小番茄，是長時間烘烤
的熟成滋味。

65 min

〔食材・1 人份〕

薄片白吐司 1 片

小番茄 120g

橄欖油 30c.c.

研磨海鹽 1 小撮

研磨黑胡椒 0.5g

蒜片 2 ～ 3 顆（可省略）

裝飾

　九層塔 1 片

　帕馬森乾酪絲 1/2 小匙

　洋香菜 1/4 小匙

〔使用工具〕

平底鍋

小烤箱

小叮嚀

沒用完的烤小番茄，可放在小罐子中倒入橄欖油覆蓋，能保存3～5天。

餡料製作

① 將小番茄洗淨擦乾，切半備用。

② 將剖半的番茄放入平底鍋中，均勻撒上海鹽、黑胡椒、橄欖油、蒜片。

③ 把平底鍋放入烤箱中，以 130 度烘烤 60 分鐘，完成後取出放涼。

吐司製作

④ 用三明治切割模具把吐司切成 4 等分，放上九層塔、油烤番茄、帕馬森乾酪絲、洋香菜。

美味 Tips

・低溫與長時間的烘烤，可以把小番茄烘乾，並鎖住風味。

70

脆皮雞腿排吐司

加入生菜和新鮮番茄，更清爽。

把去骨雞腿排的皮沾上炸雞粉乾煎至焦脆，
大口咬還有滿滿的肉汁流出來，
只用一片吐司也很有滿足感。

 20 min

〔食材·1 人份〕

薄片白吐司 1 片

去骨雞腿排半塊（約 100g）

日清炸雞粉 10g

新鮮牛番茄 2 片

生菜葉 10g

吐司抹醬

　有鹽奶油 2 小匙

　法式芥末子醬 1/2 小匙

　和風洋蔥醋味沙拉醬 1 小匙

　（可省略）

〔使用工具〕

小烤箱

平底鍋

小叮嚀

· 用紙巾去除多餘的油
　脂、蔬菜水分，三明
　治在食用時就會比較
　乾爽。

· 在雞肉與組織垂直處
　劃2～3刀，腿排在煎
　煮後就不會縮小。

· 用烘焙紙把吐司包起
　來，也能固定住餡料。

餡料製作

① 用紙巾將整塊雞腿排擦乾，並切成二塊，在雞
　肉與組織垂直的部位橫切 2 ～ 3 刀，但不切斷。

② 取其中一塊雞腿排二面撒上炸雞粉。

③ 將雞皮面朝下放入平底鍋中，以中小火慢煎 5
　分鐘，多餘的油用紙巾擦掉，雞皮煎至金黃色
　後翻面。

④ 在平底鍋內加入 20c.c. 的開水（分量外），蓋
　上鍋蓋煮 5 分鐘至水分收乾，煎熟後取出。

⑤ 把煎好的雞腿排、蔬菜放在紙巾上去除多餘的
　水分。

吐司製作

⑥ 把吐司放入小烤箱烤至金黃色，先塗上奶油，
　接著再塗法式芥末子醬、1/2 小匙沙拉醬後，
　對半切開。

⑦ 在其中一塊吐司上放入生菜、番茄、雞腿排，
　並蓋上另一片吐司，食用時淋上另外 1/2 小匙
　洋蔥醋味沙拉醬。

用烘焙紙包住三明治的摺法

①將吐司放在烘焙紙的上方（30cm×15cm），把二側烘焙紙往中間拉，並用膠帶固定。

②把下方多出來的烘焙紙二側往內摺成三角形。

③接著把三角形往吐司上方摺起，並用膠帶固定。

──── 美味 Tips ────

・煎腿排雞皮時，用紙巾把多餘的油擦乾，就可以讓雞皮更焦脆。

・腿排翻面後，加入開水蓋上鍋蓋，可以讓比較厚的雞腿肉快速熟透。

Part 8

美味創意吐司

適合和開胃菜一起搭配的吐司,把開胃菜當作吐司夾餡或放在烤吐司上,是義大利的街邊點心。外形如肉桂捲的肉桂吐司,是把肉桂糖霜和吐司捲起來烘烤,派對聚餐的小點心、甜點、鹹點都可以這樣準備。

71

蟹肉沙拉吐司

沒吃完的涼拌菜，放在吐司內也可以當作早餐，

鬆軟的吐司配上清爽的蟹肉沙拉，

開啓了活力的一天。

即食蟹肉棒與冰涼萵苣
結合的爽口吐司

10 min

〔食材・1人份〕

厚片吐司 1 片

即食蟹肉 50g

萵苣葉 50g

蟹肉生菜沙拉醬

　全脂牛奶 30c.c.

　日式美乃滋 1 大匙

　海鹽 1g

　黑胡椒 0.5g

餡料製作

①

②

②

③

① 取一玻璃碗，放入全脂牛奶、日式美乃滋、海鹽、黑胡椒混合均勻。

② 將萵苣葉切成絲、退冰的蟹肉拔成絲。

③ 接著把萵苣絲、蟹肉絲放進步驟 1 的牛奶液裡攪拌均勻。

吐司製作

④

⑤

④ 將厚片吐司切半，從吐司中間再剖開但不切斷，形成口袋狀。

⑤ 把蟹肉沙拉放入切開的吐司袋中，美味帶著走。

—— 美味 Tips ——

・萵苣冰鎮後會變得爽脆，再用脫水器瀝乾，去除殘留在生菜上的水分。

・把沙拉放在有濾網的生菜盒中，可以去除過多的水分。

72

橄欖油蒜味蝦佐吐司條

香酥的麵包沾著
濃厚的蒜味蝦油,
超好吃。

用蝦殼與橄欖油煸出的蝦油,
最適合用來沾麵包,
放上蝦肉一起吃是很棒的開胃菜。

0:00 30 min

〔食材・1 人份〕

厚片白吐司 1 片

白刺蝦 10 ～ 12 隻

橄欖油 30c.c.

清爽羅勒調味鹽 1 小撮

蒜末 1 顆（約 5g）

鹽巴 1 小撮

〔使用工具〕

小湯鍋

小烤箱

小叮嚀

・香料調味鹽是羅勒香料與鹽巴的組合，一瓶就能搞定。

・爆香完成的蝦殼相當酥脆，直接吃也是很棒的下酒菜。

・利用厚片吐司沾蝦油，微厚的吐司讓蝦油停留在表層，仍然可以吃到吐司的鬆軟感與小麥香。

吐司製作

① 將白蝦沖洗後，剪掉觸鬚、去殼、去頭，把蝦肉以外的東西放入保鮮盒中。用剪刀從蝦肉背部剪開去除腸泥，放入另一保鮮盒，加入鹽巴混合均勻後送進冷藏備用。

② 取一小湯鍋，放入蝦殼、蝦頭、橄欖油，用中小火煸出香氣，再繼續煸 10 分鐘。

③ 準備一個濾網，倒入蝦油過濾，接著用紙巾把小湯鍋底擦乾淨，再把蝦油倒回鍋中。

④ 接著放入蝦肉繼續煮 2 分鐘，至蝦肉變紅熟透後熄火。

⑤ 放入蒜末、羅勒調味鹽，再次攪拌均勻。

⑥ 將厚片吐司去邊後，切成條狀 3 等分，放入小烤箱中以 180 度烘烤 3 ～ 4 分鐘至金黃色。

美味 Tips

・蝦肉加入少量的鹽巴，除了調味，可以去除蝦肉多餘的水分。

・熄火後再加入蒜末，用餘溫加熱，可以讓蒜末的味道更突出。

73

▶▶▶

起司玉米片吐司

換個口味，想吃鹹的點心時，

把玉米片和吐司結合，沾著泰式甜雞醬一起吃，

玉米片有如炸過的蝦餅般香脆，一吃就會停不下來。

鹹鹹又香脆，
很適合當作
飯前小點心。

[0:00] 10 min

〔食材・1 人份〕

薄片白吐司 1 片

雞蛋 1 顆

迷你玉米脆片 30g

泰式甜雞醬 10g

〔使用工具〕

小烤箱

餅乾模型 (長 7cm×
寬 4.5cm× 高 3cm)

小叮嚀

選擇迷你玉米脆片，可
以更快速敲成碎片，不
會把包裝袋弄破。

吐司製作

① 將迷你玉米脆片放入夾鏈袋中，密封時留 1 公
　分不封口。

② 用擀麵棍先將玉米脆片敲碎，再前後滾壓扁。

③ 將薄片白吐司切邊，把餅乾模型放上去，用手
　往下壓，上下滑動取出橢圓形的吐司，共 2 個。

④ 取一烤皿打入雞蛋並打散，將橢圓形吐司放入
　並沾裹蛋液。

⑤ 接著把步驟 2 的玉米脆片放在另一個烤皿內，
　將步驟 4 的吐司二面沾上敲碎的玉米片。

⑥ 將烤皿直接放入烤箱中，以 150 度烘烤 2.5 分
　鐘後，把吐司翻面再繼續烤 2.5 分鐘，取出後
　放涼，可以沾著泰式甜雞醬一起吃。

美味 Tips

・沾裹蛋液的吐司，封住了吐司表層，放一段時間也會保有鬆軟度，不會過乾。

74

香料奶油火腿起司吐司捲

有蒜味奶油香的
酥脆麵包捲。

派對上不可缺少的三明治小點心，
利用麥穗麵包捲的作法，加入火腿、起司片捲起來，
塗上大蒜奶油抹醬再烘烤，可以讓表層更香脆，
絕對是最受歡迎的鹹食點心。

 15 min

〔食材・1 人份〕

去邊薄片吐司 2 片

三明治火腿片 2 片

起司片 1 片

吐司抹醬

日式美乃滋 1 大匙

法式芥末子醬 1 小匙

大蒜奶油抹醬

融化有鹽奶油 1 小匙

蒜泥 1 顆

〔使用工具〕

食用剪刀

烤箱

───── 美味 Tips ─────

抹醬可以更換成花生醬、
草莓醬等任意組合，創
造不同的豐富感。

吐司製作

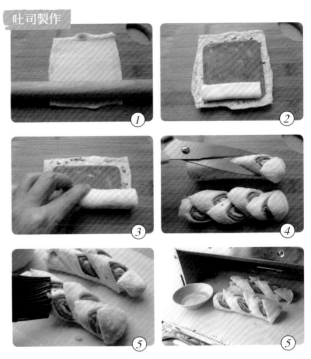

① 用擀麵棍把去邊吐司均勻壓扁後再擀薄（往上下延伸 1 ～ 2 公分）

② 在擀薄的吐司上塗抹吐司抹醬（日式美乃滋和法式芥末子醬先混合均勻），接著放入火腿片與 1/2 起司片（先對摺 2 次再放進去）。

③ 將吐司捲起來，收口朝下固定 5 分鐘。

④ 接著將吐司用剪刀以 30 度斜角相同間隔剪開 4 次。

⑤ 在吐司表層塗上大蒜奶油抹醬，放入烤箱烘烤 3 ～ 5 分鐘至金黃色。

小叮嚀

放了 3～4 天沒吃完的吐司，水分流失變得較乾硬，最適合做這道不用在意吐司蓬鬆感的香脆點心。

75

白醬熱狗蛋沙拉吐司

把吐司做成口袋狀，放入喜歡的配料當作夾餡，
加熱後的牛奶起司片變成了香濃的白醬，
是簡單、短時間內就能完成的吐司淋醬。

10 min

〔食材・1～2 人份〕

厚片吐司 1 片

牛奶起司片 1 片

全脂牛奶 10c.c.

配料

　德式香腸 1 條（熟）

　雞蛋沙拉抹醬 30g（作法
　參考 P.44）

裝飾

　乾燥洋香菜葉

〔使用工具〕

微波爐

小烤箱

餡料製作

① 取一調理碗，放入撕成小塊的起司片，倒入牛
　奶後放進微波爐加熱 10 秒。取出後用湯匙攪
　拌旋轉 1～2 圈，再次放入微波 10 秒，取出
　後攪拌至濃稠狀。

吐司製作

② 將吐司切成 2 等分，從吐司中間由上往下切
　開，但不切斷。

③ 將吐司和一小碟的水放入小烤箱中，以 180 度
　烘烤 4 分鐘。

④ 取出後，在吐司切開的地方放入已煎熟的德式
　香腸，接著加入蛋沙拉、白醬，撒上洋香菜葉。

美味 Tips

・吐司可以放在冷凍保存，解凍時放在保鮮盒內10分鐘，以免接觸空氣導致過於
　乾燥。

76

義式茄汁鮮魷佐烤吐司

把拌炒海鮮和醬汁
放在吐司上一起吃，
特別夠味！

用海鮮拌炒的濃厚義大利麵醬，
加上燉煮的蔬菜，最適合搭配吐司一起吃，
是聚餐派對時，最方便準備的開胃前菜。

 15 min

〔食材·1人份〕

薄片白吐司 1 片

魷魚 1 隻（約 120g）

義式辣味茄醬 45g

水 10c.c.

櫛瓜丁 50g

洋蔥末 1/4 個（約 30g）

蒜末 5g

〔使用工具〕

小烤箱

小湯鍋

小叮嚀

市售的義大利麵醬，可以縮短料理燉煮與調味過程，辣味的義式番茄醬最適合搭配海鮮。

餡料製作

① 先將魷魚的頭部取出後，沖洗乾淨並切塊，加入 1 小匙米酒、1 小撮鹽巴（分量外）混合均勻備用。

② 準備一個小湯鍋放入水並煮滾，加入步驟 1 切塊的魷魚，煮 1 分鐘後取出瀝乾。

③ 將櫛瓜剖半後，再對切，並切成丁狀。

④ 另外準備一個小湯鍋，倒入 1 小匙橄欖油（分量外），放入洋蔥末與蒜末，開小火拌炒 2 分鐘至洋蔥軟化，接著加入櫛瓜丁繼續煮 2 分鐘。

⑤ 放入義式辣味茄醬、水繼續加熱 1 分鐘，微收乾醬汁。

⑥ 最後把煮熟的魷魚放入混合均勻，繼續煮 1 分鐘，熄火後取出放入小碗盤中。

吐司製作

⑦ 將吐司從對角斜切二刀，放入小烤箱中以 180 度烘烤 3 ～ 4 分鐘至金黃色，取出後搭配步驟 6 的茄汁鮮魷一起吃。

美味 Tips

· 把魷魚燙熟，直接搭配市售的義大利麵醬，加入洋蔥丁、櫛瓜，口感更豐富。

77

起司培根三明治

用融化的起司絲包上夾餡三明治，
不用烘烤的鬆軟吐司，
每一口都有濃濃的起司香。

表層有焗烤般的香脆感，夾餡三明治特別鬆軟

0:00 10 min

〔食材‧1 人份〕

薄片吐司 2 片

低脂培根 1 片

漢堡起司片 1 片

雙色乳酪絲 50g

吐司抹醬

日式美乃滋 1 大匙

〔使用工具〕

電烤盤

小叮嚀

用美乃滋當作二片吐司
的黏著劑，用融化的起
司絲包起來時，吐司內
的餡料就不會散開。

吐司製作

① 將 2/3 美乃滋均勻塗抹在二片吐司上，接著在
  一片吐司的左側放入加熱 1 分鐘的培根片、右
  邊擺放對切的起司片。

② 把二片吐司蓋起來，切掉吐司邊後再對切。

③ 在其中半份吐司表面塗抹剩下的 1/3 日式美乃
  滋。

④ 接著把二份吐司疊在一起，切成 3 等分。

⑤ 在煎烤盤內放入雙色乳酪絲，並排成三排，開
  小火加熱。

⑥ 起司融化後，放入步驟 4 的吐司，依序把每一
  份吐司用起司絲捲起來，並繼續煎 1 分鐘。

⑦ 吐司取出後，放在烤架上散熱。

美味 Tips

‧用融化後的雙色乳酪絲包住起司培根三明治，吐司不烘烤，表層也特別香。

78

玉米濃湯焗烤吐司

有玉米濃湯香氣的
鬆軟披薩吐司。

不用揉麵，只要用吐司就能做披薩，
把罐頭玉米和牛奶混合打成泥狀，加入雞蛋焗烤定型，
放入吐司吸飽了醬汁，不只能增加飽足感，
還有吃披薩的幸福感。

 25 min

〔食材‧2～3 人份〕

薄片白吐司 2.5 片

披薩絲 50g

漢堡起司片 1 片

濃湯醬
　玉米罐頭 100g
　牛奶 50c.c.
　雞蛋 1 個

配料
　切塊罐頭鳳梨 2 片
　切塊德式香腸 1 根
　玉米粒 10g

披薩調味
　清爽羅勒調味鹽 1/2 小匙

裝飾
　洋香菜葉

〔使用工具〕

小烤箱

手持攪拌棒

小叮嚀

‧ 雞蛋加熱後會凝固，
　可以幫助吐司片之間
　結合在一起。

‧ 烘焙紙如果太過大
　張，需修剪，以免在
　烘烤時太接近燈管。

餡料製作

① 將濃湯醬的食材玉米罐頭、牛奶、雞蛋放入調
　理杯中，用手持攪拌棒打碎至濃稠狀。

吐司製作

② 將吐司去邊後斜角對切成 4 等分，在烤盤鋪上
　一張烘焙紙，把小三角形吐司放上去。

③ 先倒入一半的濃湯醬，把吐司翻面一次，再倒
　入剩下的醬汁。

④ 將漢堡起司片切小塊、取一半的起司絲，平均
　放在吐司上，再撒入羅勒鹽。

⑤ 接著放入切塊的鳳梨片、德式香腸塊和玉米
　粒，再撒入剩下的起司絲。

⑥ 將烤盤放入小烤箱中，以 180 度烤 10 分鐘後，
　轉 200 度再烤 5 分鐘至披薩表面呈現金黃色。

⑦ 將披薩吐司取出後切成井字就大功告成。

美味 Tips

‧ 與牛奶一起攪碎的玉米，香濃的玉米醬可以取
　代白醬，熱量更低。

79

辣味番茄鮮蝦燉菜吐司盅

把義式蝦仁燉菜放進吐司盅內，
和烤吐司塊一起配著吃，
簡單的創意只要小烤箱就能完成。

連吐司盒內都吸了
滿滿的醬汁。

⏲ 30 min

〔食材·1 人份〕

厚片白吐司 1 片

白蝦仁 3 尾

櫛瓜 1/3 根（切丁）

彩椒半顆（切丁）

牛番茄 1 顆（去籽切丁）

蔬菜調味

　橄欖油 2 小匙

　清爽羅勒調味鹽 1/4 小匙

　辣味番茄醬 2 大匙

吐司抹醬

　有鹽奶油 2 小匙

　清爽羅勒調味鹽 1 小撮

〔使用工具〕

小烤箱

餡料製作

① 將切丁的櫛瓜、彩椒、牛番茄和蝦仁放入烤皿
　中，加入橄欖油、羅勒調味鹽混合均勻。

② 接著加入辣味番茄醬繼續攪勻，並把烤皿放入
　小烤箱中以 150 度烤 15 分鐘。

吐司製作

③ 用刀子在厚片吐司 1/3 處，從側邊橫切，但不
　切斷。

④ 將吐司翻到另一面，用刀子沿著吐司邊往下
　2/3 處切出四角形，就可以輕易地把中間的吐
　司取出來。

⑤ 將取出來的吐司切成井字 9 等分，再放回吐司
　盒內，並塗上吐司抹醬（奶油和羅勒調味鹽先
　混合均勻）。

⑥ 接著將吐司放入小烤箱中，以 180 度烤 5 分鐘
　至金黃色。

⑦ 取出吐司內的 9 小塊吐司，放入步驟 2 的番茄
　燉菜，最後加入蝦子、烤吐司塊。

80

法式焦糖肉桂吐司捲

> 充滿肉桂黑糖香氣的
> 吐司捲，忍不住
> 想一個接一個。

用現成的吐司和小烤箱就能做的肉桂捲，
夾餡是肉桂黑糖粉和有鹽奶油，可以降低甜膩感，
烤得酥脆的核桃和焦糖醬特別香。

 30 min

〔食材・1 人份〕

去邊薄片白吐司 4 片

肉桂黑糖粉 40g

有鹽奶油 10g

雞蛋 1 個

　法式焦糖醬 30g（作法參
　考 P.36）

　熟核桃 20g

〔使用工具〕

小烤箱

6 格烤盤

小叮嚀

・吐司保留1公分範圍
　不放肉桂黑糖粉，可
　以幫助吐司捲容易接
　合，不易散開。

・使用6格烤盤，能固
　定吐司捲不易散開，
　用烘焙紙杯也可以。

吐司製作

① 將去邊的吐司用擀麵棍先壓扁，再往上、往下
　擀長，把吐司延伸 2 公分。

② 在吐司上塗抹薄薄的一層有鹽奶油，再均勻撒
　入肉桂黑糖粉。吐司周圍大概保留 1 公分的範
　圍不放肉桂黑糖粉。另外三片吐司重複步驟 1
　和 2，先放在旁邊備用。

③ 接著把一片吐司由下往上捲起來，接合處朝下
　壓緊。

④ 把步驟 3 捲起來的吐司均勻沾裹打散的蛋液。

⑤ 把步驟 4 沾裹蛋液的吐司，放在另一片已撒入
　肉桂黑糖粉的吐司上，接合處朝下，繼續由下
　往上捲起來。接著以相同動作完成剩下的二片
　吐司。

⑥ 在烤盤中刷上有鹽奶油（分量外）防沾，再加入法式焦糖醬、核桃。

⑦ 把吐司捲切成 3 等分後，再對切分成 6 等分。

⑧ 將吐司捲表層沾裹蛋液和肉桂黑糖粉。

⑨ 把沾上蛋液和肉桂黑糖粉的吐司捲一個個放入烤盤中，送進烤箱以 150 度烘烤 15 分鐘。

⑩ 吐司捲取出後，在烤網上放涼。

――――――― 美味 Tips ―――――――

· 在吐司表層沾上蛋液再捲起來，可以讓被壓扁的吐司保持濕潤的口感。

· 放涼再吃更酥脆，加一球冰淇淋一起吃也很美味。

Part 9

午茶點心吐司

當吐司變身為華麗點心,是速成點心的偷吃步。
利用現成的吐司當作甜點基底,加上雞蛋液、冰
淇淋、紅豆泥變化,經過烘烤加熱,甜而不膩的
點心吐司,有小小的飽足感、甜甜的讓人滿足,
是早餐也是下午茶點心。鬆軟的丹麥吐司和充滿
大量奶油的布里歐吐司,是做點心吐司的好幫手。

81

檸檬糖霜丹麥吐司

做甜點沒用完的檸檬糖霜醬，
加點巧思放在丹麥吐司上，
美味組合，意外成了午茶簡單甜點。

酸甜多汁的
黃檸檬片，降低了
檸檬糖霜的甜膩感。

5 min

〔食材‧1人份〕

丹麥吐司 1/3 片

黃檸檬 1 個

糖粉 40g

檸檬汁 5c.c.

〔使用工具〕

刨絲器

餡料製作

① 用鹽巴（分量外）把黃檸檬表層搓過一次，再沖洗乾淨、擦乾。利用刨絲器刨下半顆檸檬皮屑，並對半切，把叉子放入果肉，扭轉後擠出檸檬汁。

② 取 5c.c. 的檸檬汁與糖粉混合均勻。

吐司製作

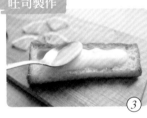

③ 把步驟 2 的檸檬糖霜每次取 1/3，分次放在丹麥吐司上，用湯匙的背面讓糖霜從吐司邊緣緩緩流下。

④ 將剩下的半顆檸檬切下 1 片，取出果肉上的檸檬籽，把檸檬片分二次對切後成 4 小片，再對切成 8 小塊。

⑤ 取 4 小塊放在步驟 3 有著糖霜的丹麥吐司上，並撒入檸檬皮屑。

美味 Tips

· 利用小湯匙每次挖取一小匙檸檬糖霜醬放在丹麥吐司上，會分佈得更均勻。

· 可用綠檸檬取代。不過熟成的黃檸檬香氣與甜度更足，較適合直接入點心。

82

珍珠巧克力夾餡全麥吐司

夾餡加了
珍珠巧克力，
是吐司也是點心。

經過烘烤的全麥吐司帶著麥香，表層酥脆。
夾餡是邪惡的榛果巧克力醬、珍珠巧克力，
充滿火花的豐富感，是咔滋咔滋香甜滋味。

 5 min

〔食材‧1～2 人份〕

全麥厚片吐司 1 片

榛果巧克力醬 1 小匙

葵瓜子巧克力 10g

裝飾

　金箔 2 小片

〔使用工具〕

小烤箱

小叮嚀

‧葵瓜子巧克力可用巧
　克力米取代。

‧用水果刀比較容易掌
　控吐司切斷面，下手
　不會過於豪邁。

吐司製作

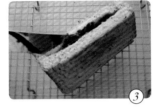

① 把吐司放進小烤箱中，以 180 度烤 3～4 分鐘
　呈金黃色。

② 吐司取出後對半切，其中半片吐司用水果刀從
　中間切開，但不切斷。

③ 在吐司切開處均勻塗抹榛果巧克力醬。

④ 在塗抹巧克力醬的凹槽放入葵瓜子巧克力，並
　撒上金箔裝飾。

美味 Tips

‧經過烘烤後的吐司再切開夾餡，吐司的切面處不會過乾。

83

栗子奶油地瓜餡丹麥吐司

突然想吃甜點時，把香草冰淇淋和栗子餡混合，
做出滑順的栗子鮮奶油，放在現成的丹麥吐司上，
馬上變身爲華麗的蒙布朗甜點。

鬆軟的丹麥吐司
最適合這樣搭配！

0:00 30 min

〔食材・1 人份〕

丹麥吐司 1/3 片
（長 11cm× 寬 3cm）

剝殼甘栗 3 個

栗子鮮奶油
　加糖栗子泥 120g
　香草冰淇淋 50g

地瓜餡
　地瓜泥 30g
　無糖豆漿 10c.c.

〔使用工具〕

8 孔蒙布朗擠花嘴

小叮嚀

利用現成香草冰淇淋可
以取代鮮奶油，直接混
合栗子餡，步驟簡單，
口感更滑順。

餡料製作

① 把栗子泥與冰淇淋放入玻璃碗中，用矽膠刮刀
　把食材混合均勻。

② 將步驟 1 的栗子奶油放入 8 孔擠花袋中，送進
　冰箱冷藏 15 分鐘。

③ 把解凍冰烤地瓜去皮與豆漿混合均勻。

吐司製作

④ 將丹麥吐司平均切成 3 小片，接著把地瓜餡放
　上去，利用湯匙的背面把地瓜泥整形成小山丘
　狀。

⑤ 在地瓜泥表面擠入冷藏後的栗子奶油，並放上
　剝殼甘栗。

美味 Tips

・現成的冰烤地瓜加入牛奶或豆漿能增加滑順的口感，用無糖豆漿更能降低甜膩味
　蕾。

84

提拉米蘇布丁丹麥吐司

將黑巧克力片刨絲放在鮮奶油上，
能讓香滑的鮮奶油更多了苦甜脆片的香氣！
丹麥吐司不需要烘烤，直接放上布丁與焦糖醬，
有如提拉米蘇的滑嫩感，甜蜜清爽！

 50 min

〔食材・1 人份〕

丹麥吐司 1/3 片 (長 11cm × 寬 3cm)

黑巧克力片 5g

焦糖布丁半個

布丁焦糖醬半包

鮮奶油醬

　鮮奶油 30g

　糖粉 2g

〔使用工具〕

刨絲器

—— 美味 Tips ——

把布丁、紅豆泥任何甜的食材，放在含有大量奶油又鬆軟的丹麥吐司上都很搭，還有小小的飽足感。

吐司製作

②

②

①

①　先將鮮奶油、糖粉混合均勻，隔冰水用打蛋器打 7 分發（約 5 分鐘），打至打蛋器拉起奶油有一個垂垂的小勾程度。放入冰箱冷藏 30 分鐘。

②　把半個布丁放在丹麥吐司上，並淋上焦糖醬。

③　接著用二支湯匙把鮮奶油整形成橢圓狀放在布丁上。

④　利用刨絲器把巧克力刨成絲，直接刨在鮮奶油上裝飾。

小叮嚀

・用保存效期較長的黑巧克力片取代容易受潮的可可粉，放在冷藏隨時保鮮，還能當零食吃。

・少量的鮮奶油打發，用手持打蛋器就能快速打發。

85

炸麻糬紅豆丹麥吐司

超市容易取得的即食紅豆泥與生切日式麻糬，
重新組合放在丹麥吐司上，
可以當作早餐或甜點，喚醒活力的早晨。

炸麻糬與香甜紅豆泥
的派對小點心。

15 min

〔食材·1人份〕

丹麥吐司 1 片

生切日式麻糬 1 塊（50g）

即食紅豆泥 20g

〔使用工具〕

16cm 平底鍋

小叮嚀

生切日式麻糬可以水煮、烤箱加熱，變化不同的口感。

餡料製作

① 將生切日式麻糬切成 8 等分。

② 準備一個小平底鍋，加入少量的植物油（分量外），用中小火加熱 3 分鐘後，放入切塊的日式麻糬。

③ 利用半煎炸的方式，將每面麻糬炸 1 分鐘至膨脹酥脆，取出後放在餐巾紙上瀝乾。

吐司製作

④ 先將丹麥吐司對切、再切成 3 等分（長 5.5cm×寬 3cm）。

⑤ 在每塊分割後的吐司上放入即食紅豆泥。

⑥ 接著放入炸麻糬及抹茶粉（分量外）。

美味 Tips

· 充滿奶油香的丹麥麵包，口感鬆軟，直接放上甜甜的餡料，不需要烘烤就很美味。

86

焦糖脆片卡士達丹麥吐司

把凝固的焦糖
敲一敲，
就會裂開成焦糖片。

把香草冰淇淋融化和蛋黃結合，就能做出香濃的卡士達醬，
放在鬆軟的丹麥吐司上，淋上瞬間凝固的焦糖。
焦糖片苦甜香氣，和卡士達丹麥吐司有著泡芙般的甜蜜感，
是下午茶時間最邪惡的點心。

 40 min

〔食材・1 人份〕

丹麥吐司 1 片

卡士達醬

　蛋黃 1 個

　香草冰淇淋 100g

焦糖醬

　細白糖 30g

　開水 10c.c.

〔使用工具〕

16cm 小湯鍋

20cm 平底鍋

小叮嚀

吃不完的香草冰淇淋，
加熱後可以當作香草牛
奶醬使用。

美味 Tips

· 只使用蛋黃做卡士達
　醬，風味會更濃厚。

· 煮好的卡士達醬經過
　濾，口感會更滑順。

· 丹麥吐司的氣孔大，能
　快速吸收卡士達醬，讓
　醬料與吐司的味道融合
　在一起。

餡料製作

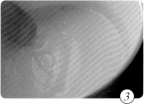
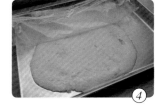

① 將香草冰淇淋放在小湯鍋中，加熱融化至鍋緣
　冒泡熄火。

② 把蛋黃放到另外一個玻璃碗中先打散，慢慢沖
　入步驟 1 融化的冰淇淋，加入時必須不停攪
　拌。

③ 把步驟 2 的食材再放回小湯鍋中，用小火慢慢
　加熱至凝固成卡士達醬。

④ 把煮好的卡士達醬蓋上保鮮膜隔絕空氣，放入
　冰箱冷藏 2 個小時（或放在冷凍 20 分鐘）。

⑤ 取一平底鍋，放入白糖、水，開小火慢慢煮至
　焦糖色。

吐司製作

⑥ 用刀子將丹麥吐司切成井字，但不切斷。

⑦ 先把卡士達醬放入丹麥吐司的縫隙中，剩餘的
　醬料蓋滿吐司，再用果醬刀抹開。

⑧ 最後淋上焦糖醬就完成囉。

87

巧克力起司西多士

吐司抹醬、沾上蛋液後油炸,是香港茶餐廳最受歡迎的點心,
新潮的作法會加入巧克力醬,搭配起司片也可以降低甜膩感,
吐司迷人的蛋香,是欲罷不能的美味。

加上脆脆的
巧克力餅乾,
更有層次感。

20 min

〔食材‧1人份〕

全麥吐司 2 片

巧克力醬 1 大匙

三明治起司片 1 片

巧克力餅乾 15g

蛋液

　雞蛋 2 個（約 100c.c.）

　全脂牛奶 20c.c.

〔使用工具〕

玉子燒不沾鍋

小叮嚀

- 沾完吐司剩餘蛋液再利用，倒入鍋底成蛋酥，吐司更有蛋香。
- 使用與吐司大小相同的玉子燒不沾鍋，以半煎炸的方式，就能減少沙拉油的分量。

餡料製作

① 將二片全麥吐司放在木頭料理盤上，一面抹上巧克力醬、一面放上起司片，有食材的那面蓋起來備用。

② 取一小碗打入雞蛋與加入牛奶攪散，並過濾到調理盤上。

③ 將步驟 1 的吐司每一面都均勻沾裹蛋液，並放在調理盤上備用。

④ 準備一個玉子燒不沾鍋，倒入可以覆蓋鍋底的沙拉油（分量外），開中小火加熱至放入竹筷底部會起泡泡的溫度，不規則的倒入剩下的一半蛋液，再加入步驟 3 的吐司慢慢煎約 2 ～ 3 分鐘，至蛋呈現金黃色。

⑤ 接著用鍋鏟把吐司鏟起，在鍋底倒入剩下的一半蛋液，吐司翻面後放進去，讓油炸的蛋液附著在吐司上，繼續煎 2 ～ 3 分鐘後，把四個吐司邊處各煎 1 分鐘。

⑥ 吐司取出後，放在瀝油網上瀝乾多餘的油。

⑦ 盛盤後，放入切碎的巧克力餅乾就可以上桌囉。

----- 美味 Tips

- 在西多士（煎蛋吐司）放入起司片，能降低甜膩，鹹甜的滋味，可以省去通常會放一塊有鹽奶油的邪惡感。
- 淋上蜂蜜醬，甜甜鹹鹹的滋味，是港式西多士的吃法。

88

▶▼◀▼

布丁吐司

熱熱的布丁吐司，
配上冰淇淋的
冰火雙重滋味。

用市售的布丁加熱融化後，

放入切塊的丹麥吐司，送進烤箱烘烤，簡單快速，

入口濕潤又香綿，是不費工的高級點心。

 30 min

〔食材·1 人份〕

丹麥吐司 1 片

布丁 1 個 （約 180g）

〔使用工具〕

烤箱

微波爐

小叮嚀

· 布丁液也可以放在湯鍋中，用爐火加熱。

· 使用可微波、加熱的烤皿多用途，更方便清洗。

吐司製作

① 將丹麥吐司切成 9 等分。

② 把布丁切成塊狀，放到微波爐加熱 1 分 30 秒至成布丁液。

③ 把切塊的丹麥吐司浸泡到布丁液中，用夾子將吐司翻面，二面皆沾裹布丁液。

④ 接著將浸滿布丁液的吐司放入烤箱中，蓋上錫箔紙以 180 度烘烤 10 分鐘。完成後取下錫箔紙繼續烘烤 5 分鐘。

美味 Tips

· 有大細孔的丹麥吐司，含有大量奶油，吐司鬆軟更能快速吸收蛋液。

· 加上冰淇淋或直接撒上糖粉、淋上蜂蜜糖漿，可變化不同組合。

· 烘烤的食材較接近燈管時，可以先蓋上錫箔紙，避免吐司烤焦。

· 烘烤10分鐘再取出錫箔紙，可讓表層吐司呈現焦脆感，與浸泡在布丁液中的吐司呈現多層次的風味。

89

肉桂黑糖鬆餅吐司

布里歐吐司抹上奶油，撒入肉桂黑糖粉，
放在鬆餅機熱壓，有如鬆餅般的香軟，
脆糖在表層帶著肉桂香，是下午茶的甜蜜滋味。

外表長得像鬆餅的
肉桂黑糖吐司。

0:00　20 min

〔食材・1 人份〕

布里歐吐司 1 片（厚度約 1.5cm）

有鹽奶油 1 大匙（約 15g）

黑糖肉桂粉

　黑糖粉 60g

　肉桂粉 1g

〔使用工具〕

多功能鬆餅機

小叮嚀

· 把黑糖肉桂粉放在可以放入吐司大小的保鮮盒內，只要搖晃盒身就可以均勻裹上糖粉。

· 剛烤好的肉桂黑糖吐司會比較軟，放在烤架上 3～5 分鐘，放涼後才會有酥脆感。

· 吐司斜切後就可以改變形狀放入鬆餅機內，方便熱壓。

吐司製作

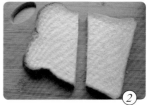

① 取一保鮮盒，放入黑糖粉、肉桂粉混合均勻。

② 用刀子將吐司從中間由左至右斜切成二塊。

③ 在吐司表層抹上一層有鹽奶油，放入步驟 1 的保鮮盒均勻沾裹肉桂黑糖粉。

④ 把吐司翻面後，再抹上一層有鹽奶油、沾裹黑糖肉桂粉。另一片吐司也以相同作法進行。

⑤ 將鬆餅機預熱後，放入沾滿黑糖肉桂粉的吐司，蓋上機蓋熱壓 4 分鐘。

⑥ 熱壓完成後，取出吐司並置於烤架上放涼。

美味 Tips

· 可更換成丹麥吐司、葡萄吐司或加了大量奶油的厚吐司。

· 可搭配冰淇淋、蜂蜜一起享用。

90

貓咪糖霜吐司

有餅乾的酥脆感，
還有脆脆的糖粒。

吐司抹上有鹽奶油、甜菜糖再烘烤，
降低甜度，風味更有層次，直接手拿就能吃。
有如蜜糖吐司的香脆口感，是下午茶搭配冰淇淋的好朋友。

 20 min

〔食材‧1人份〕

薄片吐司 2 片

有鹽奶油 1 大匙

甜菜糖 30g

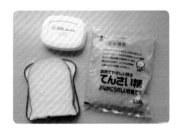

〔使用工具〕

貓咪吐司造型模

烤箱

小叮嚀

‧ 可以使用任一造型的
餅乾壓模，或直接切
邊再切小塊。

‧ 甜菜糖也可以用砂糖
取代。

吐司製作

① 將貓咪吐司造型壓模放在薄片吐司上，往下壓
後，手掌左右旋轉兩次就能取下造型吐司，每
片吐司可做 3 個貓咪造型。

② 將有鹽奶油先融化，用刷子塗抹在單面造型吐
司上。

③ 把吐司有抹醬的那一面再沾上甜菜糖。

④ 接著將貓咪吐司放入烤箱，抹醬面朝上，以
180 度烘烤 3 ～ 5 分鐘至金黃色，並在烤箱燜
2 分鐘。

⑤ 貓咪吐司取出後，在烤架上放涼。

美味 Tips

‧ 使用甜菜糖取代砂糖，入口香、餘韻微甜，風味溫潤，適合做甜點與泡紅茶。

‧ 烤好的吐司不要立刻取出，燜一下會更香脆。

Part 10

吃不完的吐司

三明治切下的吐司邊不要急著丟掉，把吐司邊切成方盒子狀、條狀、塊狀，用保鮮袋裝起來放在冷凍保存，經過烘烤，吐司邊有如酥脆餅，塗上抹醬是香脆零食點心、切塊可以做沙拉的配菜、攪碎還能製成麵包粉，當炸物沾粉或漢堡排，方盒子狀也能當作煎蛋的模型，一點也不浪費！

91

一顆雞蛋的櫛瓜火腿吐司邊

做三明治剩下的吐司邊，

加顆雞蛋和櫛瓜片、火腿丁，用吐司邊固定蛋液，

也可以添加彩椒、培根變化口味。

把切下來的吐司邊
變成固定蛋液的模型。

[0:00] 10 min

〔食材・1 人份〕

薄片吐司邊 1 個

櫛瓜片 8 片（約 50g）

德式香腸 20g

雞蛋 1 個（約 50g）

韓式海苔芝麻鬆 1 小匙

〔使用工具〕

22cm 平底鍋

小叮嚀

· 容易熟的根莖類蔬菜，可以和雞蛋一起攪拌均勻再倒入。

· 如果沒有韓式海苔芝麻鬆，可以改成1小撮鹽巴取代。

吐司製作

① 取一玻璃碗，打入雞蛋和韓式海苔芝麻鬆攪拌均勻；德式香腸切丁備用。

② 在平底鍋均勻刷上植物油（分量外），用中小火加熱 1 分鐘。

③ 放入吐司邊、櫛瓜片放進去並排列整齊，煎 1 分鐘後將櫛瓜片翻面。

④ 先倒入步驟 1 的部分蛋液，等凝固後再慢慢加入全部的蛋液。

⑤ 在蛋液尚未凝固前放入德式香腸丁，繼續煎 2 分鐘。

⑥ 利用鍋鏟將吐司翻面，繼續煎 2 分鐘。

⑦ 用鍋鏟按壓吐司的中間，沒有蛋液流出至完全凝固即完成。

美味 Tips

· 剩下的吐司邊可以放進冷凍保存，使用前取出解凍10分鐘再進行料理。

92

白醬鳳梨蟹肉焗丹麥吐司

用丹麥吐司做派皮的
焗烤小點心。

將起司片和牛奶加熱後就能當作白醬使用，
淋在氣孔較大的丹麥吐司上，
搭配鮮味的蟹肉棒和季節水果，是美味的小點心。

 20 min

〔食材‧2～3人份〕

丹麥吐司 1 片

新鮮鳳梨塊 45g

即食蟹肉棒 50g

焗烤雙色起司絲 30g

白醬

　起司片 2 片

　牛奶 50c.c.

〔使用工具〕

馬芬烤盤（6孔、直徑6.5cm）

烤箱

小叮嚀

‧用不沾馬芬烤盤當杯
子，就能做小點心。

‧形狀不好看的丹麥吐
司，切成小塊放在烤
盤底部，就能當派皮
使用。

吐司製作

① 先將丹麥吐司切成小塊（1cmx1cm）備用。

② 把起司片撕成小片和牛奶放到耐熱皿中混合，
放入微波爐內加熱 10 秒，取出後用湯匙攪拌，
再重新放回微波爐內加熱 10 秒至起司片完全
融化。

③ 把切塊的吐司塊平均排列放在馬芬烤盤內。

④ 依序放入雙色起司絲、白醬、蟹肉絲、新鮮鳳
梨塊，再加上白醬、起司絲。

⑤ 將烤盤放進烤箱以 220 度烘烤 10 分鐘至呈金
黃色。

美味 Tips

‧鳳梨產季以外的季節，可使用玉米取代，增加風味。

‧食材都是可以直接吃的，放入烤箱只要把起司絲焗上色就可以了。

223

93

吐司起司條

有如起司條般的酥脆感，
用蛋液沾裹吐司麵包粉再氣炸，降低了邪惡感，
是小孩放學後的美味餐點。

乾爽又酥脆的麵包捲，
夾著濃郁的起司。

10 min

〔食材‧1～2 人份〕

全麥薄片吐司 2 片

吐司麵包粉 20g（作法參考 P.234）

起司片 2 片

雞蛋 1 個

〔使用工具〕

氣炸鍋

擀麵棍

小叮嚀

用蛋液做黏著劑，可以固定住吐司捲與餡料。

吐司製作

① 用刀子先將吐司去邊。

② 用擀麵棍將吐司壓扁後再上下擀開。

③ 將雞蛋打散後，在吐司上均勻塗抹蛋液。

④ 起司片對半切開，再對半切成 4 等分，最後堆疊在一起呈長條狀，放在有塗抹蛋液的吐司上。

⑤ 接著由下往上捲起來，把起司包在吐司內，另外一片吐司也以相同的步驟完成。

⑥ 在吐司捲表層塗抹蛋液，再均勻沾裹麵包粉。

⑦ 將起司吐司條放入氣炸鍋，以 200 度氣炸 3 分鐘後，在內鍋底部加入少量橄欖油並搖晃，讓橄欖油均勻沾裹麵包，再加熱 2 分鐘。

⑧ 取出後，斜切開盛盤即完成。

美味 Tips

‧ 剩下的吐司邊打成細碎的麵包粉，沾裹在吐司條上，氣炸後表層有細緻的酥脆感。

‧ 在吐司表層刷上蛋液再烘烤，可以鎖住吐司的水分，保持鬆軟感。

94

義式番茄肉醬薯條烤吐司沙拉

肉醬薯條加入蔬菜，可降低一點罪惡感的豐富組合。

烤得酥脆的吐司邊，像餅乾一樣脆脆的，非常香！
用大量的高麗菜絲與蔬菜，配上肉醬薯條，
有肉有菜，是清爽美味的前菜組合。

 20 min

〔食材‧1 人份〕

2 片吐司邊（約 30g）

番茄肉醬 50g（作法參考 P.159）

炸薯條 30g

高麗菜絲 50g

番茄 1 個

小黃瓜 1/3 條（約 30g）

配料

　現刨帕馬森乾酪絲 5g

　松露油 2 小匙

〔使用工具〕

烤箱

小叮嚀

・吐司邊烘烤後，經過燜的過程會更酥脆。

・淋上松露油能增加風味，也可使用橄欖油。

吐司製作

① 先將吐司邊切塊（長 2cm× 寬 1cm）；小黃瓜對半切成 4 條長型，用湯匙取出籽再切丁；番茄切成 4 等分，取出籽再切丁備用。

② 在烤盤鋪上一張錫箔紙，把切塊的吐司邊放上去，送進烤箱以 200 度烘烤 4 分鐘，再燜 1 分鐘後取出。

③ 將高麗菜絲洗淨、脫乾水分放在盤子上，接著加入炸薯條、肉醬，以及步驟 1 的小黃瓜、番茄和吐司邊塊，灑上乾酪絲、淋上松露油。

美味 Tips

・去籽的根莖類蔬菜，可以讓蔬菜口感更爽脆。

95

凱薩沙拉

吐司邊經過烘烤形成酥脆的麵包丁，
放在沙拉碗中可多些口感，增加食材的豐富性，
是義式餐廳很受歡迎的開胃菜。

0:00 20 min

〔食材・1 人份〕

薄片吐司邊 1 ～ 2 塊

厚培根 40g

綜合生菜 70g

帕馬森乾酪絲 10g

市售凱薩醬 30g

熟核桃 10g

〔使用工具〕

烤箱

氣炸鍋

吐司製作

①

②

③

① 先將每一條吐司邊切成 4 等分。

② 將小吐司邊塊放入烤箱中，以 180 度烘烤 3 ～ 4 分鐘呈金黃色後，繼續在烤箱中燜 2 分鐘，取出放涼備用。

③ 將厚培根切成條狀（0.5cm），放入氣炸鍋中以 180 度氣炸 8 分鐘，取出後放在紙巾上吸乾多餘的油分。

④ 先將綜合生菜泡在冰水中 10 分鐘後，再放入脫水器中瀝乾水分。

⑤ 取一沙拉碗，先放入生菜，再依序加入核桃、培根、帕馬森乾酪絲、麵包丁，淋上市售凱薩醬攪拌均勻。

美味 Tips

・經過冰鎮的生菜會更爽脆。

229

96

香蒜奶油麵包條

香脆奶油香蒜棒，
是讓玉米湯
更美味的祕訣。

吐司邊刷上奶油香蒜醬烘烤，就變成帶有蒜味的香蒜棒，
或捏碎放入沙拉當佐料，也是濃湯的最佳配料。
簡單方便料理，好吃到停不下來！

 15 min

〔食材・1 人份〕

吐司邊 12 條（約 3 片吐司邊）

奶油香蒜醬

　蒜泥 10g

　無鹽奶油 20g

　鹽巴 1 小撮

　義式香料 1 小撮

〔使用工具〕

烤箱

小叮嚀

・油刷間距寬，容易帶
　上奶油與蒜泥，並附
　著在食材上，操作會
　更容易。

・防止奶油香蒜醬加熱
　時流到烤箱燈管難清
　洗，可先鋪一張錫箔
　紙。

吐司製作

① 先將無鹽奶油放入微波爐加熱 10 秒，共微波
　2 次至融化（或使用直火加熱融化即熄火）。

② 加入壓成泥狀的蒜泥、鹽巴攪拌均勻。

③ 將吐司邊擺放在料理盤上，沒有吐司皮的那面
　朝上，均勻塗抹奶油香蒜醬、撒入義式香料。

④ 在烤箱烤網鋪上一張錫箔紙，將塗抹奶油香蒜
　醬的切邊吐司條放上去，以 180 度烘烤 5 分鐘
　後，並燜 3 分鐘。

⑤ 取出後在烤網上放涼。

97

和風漢堡排

剩下的吐司皮打成麵包粉，可加入絞肉中做成漢堡排。
浸泡過牛奶的麵包會讓漢堡排吃起來更鬆軟，
記得要加鍋蓋，才會有肉汁喔。

鬆軟又有肉汁，
切開還會爆汁！

0:00 50 min

〔食材・1～2 人份〕

絞肉
澳洲牛絞肉 180g
低脂豬絞肉 180g（可做 2 塊）

絞肉調味
雞蛋 1 個
牛奶 30c.c.
粗細混合麵包粉 25g（作法參考 P.234）
研磨海鹽 1 小匙
研磨黑胡椒 0.5g

和風漢堡排醬汁
中濃醬 2 大匙
番茄醬 2 大匙

裝飾
市售炸蒜片 4～5 片

〔使用工具〕

平底鍋

—— 美味 Tips ——

在絞肉中加入混合牛奶的麵包粉，可以讓肉排口感更鬆軟，能取代過多的肥絞肉使用。

吐司製作

① 先將粗細混合麵包粉與牛奶加在一起並放置 2 分鐘。

② 取一玻璃碗，放入絞肉、步驟 1 食材、雞蛋、海鹽、黑胡椒調味，用手將食材混合均勻至看不到液體。

③ 接著拿起絞肉約摔打 10 次後成團，用保鮮膜封住玻璃碗，放入冷藏 30 分鐘以上。

④ 從冰箱取出後，把絞肉分為二份，依序將絞肉用雙手左右互換摔打成團。

⑤ 將肉排放在鐵盤上，往中間按出一個凹洞。

⑥ 在平底鍋加入 2 小匙的橄欖油（分量外），熱鍋後，放入肉排轉中小火，蓋上鍋蓋煎 5 分鐘。

⑦ 接著把肉排翻面，並蓋上鍋蓋，繼續煎 5 分鐘。

⑧ 肉排取出後，將混合均勻的和風漢堡排醬汁淋上去，加上蒜片盛盤上桌。

小叮嚀

・煎肉排時蓋上鍋蓋，可以加快漢堡排熟透，也會有肉汁。

・肉排中間按壓凹洞，可以讓熱度更均勻，加熱後中間會膨脹，用筷子按壓沒有血水跑出，表示已熟透。

98

麵包粉

吐司邊再利用，
可打成細與粗麵包粉。

切下的吐司邊可以放在冷凍保存，
經過再次烘烤、攪碎能做成麵包粉，
做炸物的沾粉，非常好用。

 20 min

〔食材‧1 人份〕

吐司邊 50g

〔使用工具〕

小烤箱

手持食物攪碎機

小叮嚀

沒有食物攪碎機，可以把烘烤過的吐司條放入塑膠袋中，用擀麵棍敲碎。

吐司製作

① 在烤箱烤網上依序排放吐司邊，以 160 度烘烤 10 分鐘，完成後在烤箱中燜 2 分鐘會更酥脆。

② 吐司邊取出後在烤架上 5 分鐘放涼。

③ 把吐司條對摺放入食物攪碎機中，以低速每次 1 秒共 4 次把吐司塊打碎。

④ 用過濾網將麵包粉過濾，塊狀與粉末分開，分成二種麵包粉，完成後放入冷凍保存。

美味 Tips

‧ 粗麵包粉可當作炸物沾料，增加酥脆感。

‧ 細麵包粉可當作吐司抹醬後沾料，放入氣炸鍋加熱，食材不易黏鍋，更能增加食用的口感。

99

鹹蛋黃肉鬆吐司邊脆餅

吐司皮加入鹹蛋黃和肉鬆烤成香酥的脆餅，
作法簡單，早餐及下午茶點心 10 分鐘輕鬆上桌，
味道鹹甜鹹甜，一不小心就吃光光！

充滿鹹蛋黃香氣的
肉鬆脆餅，
一吃就停不下來。

10 min

〔食材・2～3人份〕

厚片吐司邊 100g

肉鬆 25g

鹹蛋黃 2 個（約 30g）

植物油 2 小匙（約 10c.c.）

裝飾

　洋香菜

　切碎鹹蛋白 1g

〔使用工具〕

小烤箱

平底鍋

吐司製作

③

④

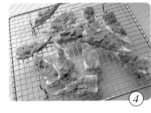
②

⑤

① 將厚片吐司邊解凍後，用剪刀剪成小塊。

② 把步驟 1 吐司邊塊平放在烤盤中，放入小烤箱以 150 度烘烤 4 分鐘，並在烤箱燜 2 分鐘再取出，口感會較酥脆。

③ 取一平底鍋，放入植物油與鹹蛋黃，以中小火慢慢加熱，接著用攪拌棒把鹹蛋黃壓碎炒開，再以畫圓的方式炒至起泡，熄火後加入肉鬆攪拌均勻。

④ 將攪勻的鹹蛋黃肉鬆塗抹在吐司塊上。

⑤ 將吐司塊再次放入烤箱以 180 度烤 2～3 分鐘至表層變乾。

⑥ 取出後，在烤架上放涼。盛盤後撒上切碎的鹹蛋白、洋香菜。

───── 美味 Tips ─────

・ 先把切邊的吐司進行第一次烤乾，讓表層形成酥脆，抹上的鹹蛋黃肉鬆就會停留在吐司邊的表層。

100

起酥片火腿起司蛋吐司

一切開半熟的
蛋黃就流出來，
如瀑布般，超美味！

切下來中空的吐司邊，可以放入喜歡的配料做變化，
例如雞蛋、火腿片、起司，再用冷凍起酥片蓋上煎烤，
香酥又有營養，連小朋友都愛吃的放學點心。

 10 min

〔食材·1 人份〕

薄片全麥吐司邊 1 片

起酥片 1 片

三明治火腿片 1 片

起司 1 片

雞蛋 1 個

無鹽奶油 3g

裝飾

　番茄醬 1 小匙

　海苔粉 1 小撮

〔使用工具〕

電烤盤

平煎鐵盤

—— 美味 Tips ——

煎烤後的酥皮，帶著奶油香氣會更酥脆，是傳統早餐店會用的吐司配料。

吐司製作

① 將電烤盤用小火加熱後，放入冷凍起酥片，二面煎至金黃色。

② 在電烤盤另一半邊塗上無鹽奶油，放入薄片全麥吐司邊，並打入一顆雞蛋。

③ 接著放入起司片、火腿片，最後蓋上煎過的起酥片。

④ 利用大面積的鍋鏟將吐司翻面煎熟。

⑤ 熄火後加入番茄醬、海苔粉。

小叮嚀

· 加入冷凍派皮做底部，就可以固定住所有的餡料。

· 用比較大面積的鍋鏟，可以將有餡料的吐司翻面，並固定配料不易掉出來！

2AB873

有吐司就能做：

超人氣食譜全收錄！輕鬆做出餡料、抹醬到層疊美味，
網路詢問度最高的甜鹹吐司與三明治料理 100+

作者	丸子
封面攝影	光衍工作室
責任編輯	李素卿
主編	溫淑閔
版面構成	江麗姿
封面設計	走路花工作室

行銷企劃	辛政遠、楊惠潔
總編輯	姚蜀芸
副社長	黃錫鉉

總經理	吳濱伶
發行人	何飛鵬
出版	創意市集
發行	城邦文化事業股份有限公司
	歡迎光臨城邦讀書花園
	網址：www.cite.com.tw
香港發行所	城邦（香港）出版集團有限公司
	九龍九龍城土瓜灣道 86 號順聯工業大廈
	6 樓 A 室
	電話：(852) 25086231
	傳真：(852) 25789337
	E-mail：hkcite@biznetvigator.com
馬新發行所	城邦（馬新）出版集團
	Cite (M) SdnBhd 41, JalanRadinAnum,
	Bandar Baru Sri Petaling, 57000 Kuala
	Lumpur,Malaysia.
	電話：(603) 90578822
	傳真：(603) 90576622
	E-mail：cite@cite.com.my
印刷	凱林彩印股份有限公司
	2024 年 1 月
	Printed in Taiwan
定價	450 元

客戶服務中心
地址：10483 台北市中山區民生東路二段 141 號 B1
服務電話：（02）2500-7718、（02）2500-7719
服務時間：週一至週五 9：30 ～ 18：00
24 小時傳真專線：（02）2500-1990 ～ 3
E-mail：service@readingclub.com.tw

詢問書籍問題前，請註明您所購買的書名及書號，
以及在哪一頁有問題，以便我們能加快處理速度為
您服務。
我們的回答範圍，恕僅限書籍本身問題及內容撰寫不
清楚的地方，關於軟體、硬體本身的問題及衍生的操
作狀況，請向原廠商洽詢處理。

廠商合作、作者投稿、讀者意見回饋，請至：
FB 粉絲團・http://www.facebook.com/InnoFair
Email 信箱・ifbook@hmg.com.tw

若書籍外觀有破損、缺頁、裝訂錯誤等不完整現象，
想要換書、退書，或您有大量購書的需求服務，都
請與客服中心聯繫。

國家圖書館出版品預行編目資料

有吐司就能做：超人氣食譜全收錄！輕鬆做出餡
料、抹醬到層疊美味，網路詢問度最高的甜鹹吐
司與三明治料理 100+/ 丸子 . -- 初版 . -- 臺北市：
創意市集出版：城邦文化發行 , 2024.1
面；　公分

ISBN　978-626-7336-53-3(平裝)
1.CST: 速食食譜 2.CST: 點心食譜

427.14　　　　　　　　　　　112020104